改定承認年月日	平成24年2月3日
訓練の種類	普通職業訓練
訓練課程名	普通課程
教材認定番号	第59122号

四訂
製図の基礎

独立行政法人 高齢・障害・求職者雇用支援機構
職業能力開発総合大学校 基盤整備センター 編

は　し　が　き

　本書は職業能力開発促進法に定める普通職業訓練に関する基準に準拠し，「機械系」系基礎学科「製図」のための教科書として作成したものです。
　作成に当たっては，内容の記述をできるだけ平易にし，専門知識を系統的に学習できるように構成してあります。
　本書は職業能力開発施設での教材としての活用や，さらに広く製図の知識・技能の習得を志す人々にも活用していただければ幸いです。
　なお，本書は次の方々のご協力により作成したもので，その労に対して深く謝意を表します。

＜監修委員＞

田中　義弘　　職業能力開発総合大学校
森　　茂樹　　職業能力開発総合大学校

＜改定執筆委員＞

齊藤　利夫　　神奈川県立秦野高等職業技術校
松田　哲　　　東京都立多摩職業能力開発センター

（委員名は五十音順，所属は執筆当時のものです）

平成24年3月

独立行政法人 高齢・障害・求職者雇用支援機構
職業能力開発総合大学校 能力開発研究センター

目　　次

第 1 章　製図一般事項 …………………………………………………………………… 1
　第 1 節　図　　面 ………………………………………………………………………… 1
　　　1．1　図面（1）　　1．2　図面の大きさと様式（6）
　第 2 節　製図用具 ………………………………………………………………………… 12
　　　2．1　製図用具の種類と用法（12）
　第 3 節　線と文字 ………………………………………………………………………… 16
　　　3．1　線の種類と用法（16）　　3．2　文字の種類と用法（20）
　第 4 節　尺　　度 ………………………………………………………………………… 22
　　　4．1　尺度の表し方（23）
　第 1 章の学習のまとめ …………………………………………………………………… 24
　練習問題 …………………………………………………………………………………… 24

第 2 章　基礎図法 ………………………………………………………………………… 25
　第 1 節　平面画法 ………………………………………………………………………… 25
　　　1．1　線と角に関する画法（25）　　1．2　三角形と多角形に関する画法（29）
　　　1．3　円と楕円に関する画法（31）　　1．4　サイクロイド曲線の描き方（33）
　　　1．5　インボリュート曲線の描き方（34）
　第 2 章の学習のまとめ …………………………………………………………………… 37
　練習問題 …………………………………………………………………………………… 37

第 3 章　機械図面の表示法 ……………………………………………………………… 39
　第 1 節　図形の表示法 …………………………………………………………………… 39
　　　1．1　投影法（39）　　1．2　正投影法による図形の表し方（43）
　第 2 節　断面図の表示法 ………………………………………………………………… 51
　　　2．1　断面の表し方（51）
　第 3 節　寸法の記入法 …………………………………………………………………… 58
　　　3．1　長さ（58）　　3．2　角度（58）　　3．3　寸法記入に用いられる線と記入法（59）
　　　3．4　寸法補助記号とその使い方（63）　　3．5　各種図形の寸法記入法（68）

3.6　その他の寸法記入法（73）　3.7　寸法記入上の注意（77）
第4節　仕上げ面の表示法………………………………………………………… 80
　　4.1　表面性状の図示方法（80）
第5節　寸法公差・はめあい及び幾何公差の表示法…………………………… 86
　　5.1　寸法公差及びはめあい（86）　5.2　幾何公差の図示方法（100）
第6節　材料の表示法……………………………………………………………… 103
　　6.1　鉄鋼記号の表し方（104）　6.2　非鉄金属記号の表し方（105）
　　6.3　金属材料記号表（108）
第7節　その他の略画の表示法…………………………………………………… 109
　　7.1　ねじ（109）　7.2　歯車（112）　7.3　ばね（114）
　　7.4　軸受（115）　7.5　溶接部（118）
　第3章の学習のまとめ……………………………………………………………… 124
　練習問題…………………………………………………………………………… 124

第4章　図面の管理……………………………………………………………… 127
第1節　図面の管理………………………………………………………………… 127
　　1.1　図面番号（127）　1.2　図面の変更と訂正（127）
　　1.3　原図の管理（128）　1.4　複写図の管理（129）
　第4章の学習のまとめ……………………………………………………………… 130
　練習問題…………………………………………………………………………… 130

第5章　立体製図………………………………………………………………… 131
第1節　立体の投影………………………………………………………………… 131
　　1.1　点の投影（131）　1.2　線と面の投影（133）　1.3　立体の投影（135）
第2節　軸測投影…………………………………………………………………… 136
第3節　立体図……………………………………………………………………… 137
　　3.1　切断投影と展開図（137）　3.2　相貫体の投影（138）
　第5章の学習のまとめ……………………………………………………………… 141
　練習問題…………………………………………………………………………… 141

第6章　ＣＡＤシステム ……………………………………………………… 143

第1節　ＣＡＤの概要………………………………………………………… 143
　1．1　コンピュータの基本構成（143）
第2節　ＣＡＤソフトの基本機能と作図……………………………………… 145
　2．1　基本的な図形処理機能（145）　2．2　ＣＡＤによる設計製図（146）
　2．3　三次元ＣＡＤの基本機能（146）
第3節　ＣＡＤ機械製図規格………………………………………………… 148
　3．1　一般事項（148）　3．2　線（148）　3．3　線の表し方（150）
　3．4　文字及び文章（151）　3．5　尺度（151）　3．6　投影法（151）
　3．7　その他（152）

第6章の学習のまとめ………………………………………………………… 153
練習問題……………………………………………………………………… 153

練習問題の解答……………………………………………………………… 154

引用・参考文献一覧………………………………………………………… 157
索　　引……………………………………………………………………… 159

第1章　製図一般事項

　図面を作成する目的は，設計者の意図を製作者へ正確に伝達することである。図面を描くためには，各種の約束ごとを守り，製作者が理解しやすいように表現しなければならない。

　図面は，図形，寸法，記号及び文章で構成される。図形を表す線とその他の情報は，明瞭に描く必要がある。

第1節　図　　　面

1．1　図　　　面

　我々は日常の生活の中で，自分の意志や情報を他人に伝えようとするとき，言葉や文章を用いている。工業的に品物をつくろうとするとき，その意図するところを正確に伝達するために用いられるのが図面である。

　機械や器具を製造するときばかりでなく，図面は，船舶，土木，建築など，工業の各分野に広く用いられている。

（1）図面と製図の意義

　機械や構造物などを新しくつくろうとするときは，そのものの使用目的や，要求される機能を考えて構想を練り，計算や技術的資料に基づいて十分な計画がなされ，それに最も適した構造や主要寸法などを決定する。このことを**設計**という。

　設計に基づいて，個々の部品や組立状態，その他細部にわたって，文字や線，記号を用いて表現するのが図面であり，この図面をつくることを**製図**という。

　図面は，設計者の意図するところをすべて表現し，正しく製作者に伝える技術情報である。そのため，表現の方法として用いられる線や図形の表し方，寸法記入の方法などには約束が必要であり，それを決めているのが製図に関する諸規格である。

　技術情報を図面として表現すること，また，図面から技術情報を読みとり，その内容を理解することを一義的にするものが製図規格である。図面と言語の関係を対比すると表1－1に示すように

表1－1　言葉と製図

	言　語		図　面
	言　葉	文　章	
感　　覚	聴　覚	視　覚	視　覚
表現法	音　声	文　章	図　面
規　　則	文　　法		製図規格

機械製図マニュアル（日本規格協会）から

なる。

(2) 製図の体系

製図に関する諸規格は多岐にわたっているが，それらをおよそ体系としてまとめたものを図1－1に示す。ここで，付図①〜⑥は，一辺の長さlとする各面に円が描かれた立方体をそれぞれの方法で表したものである。

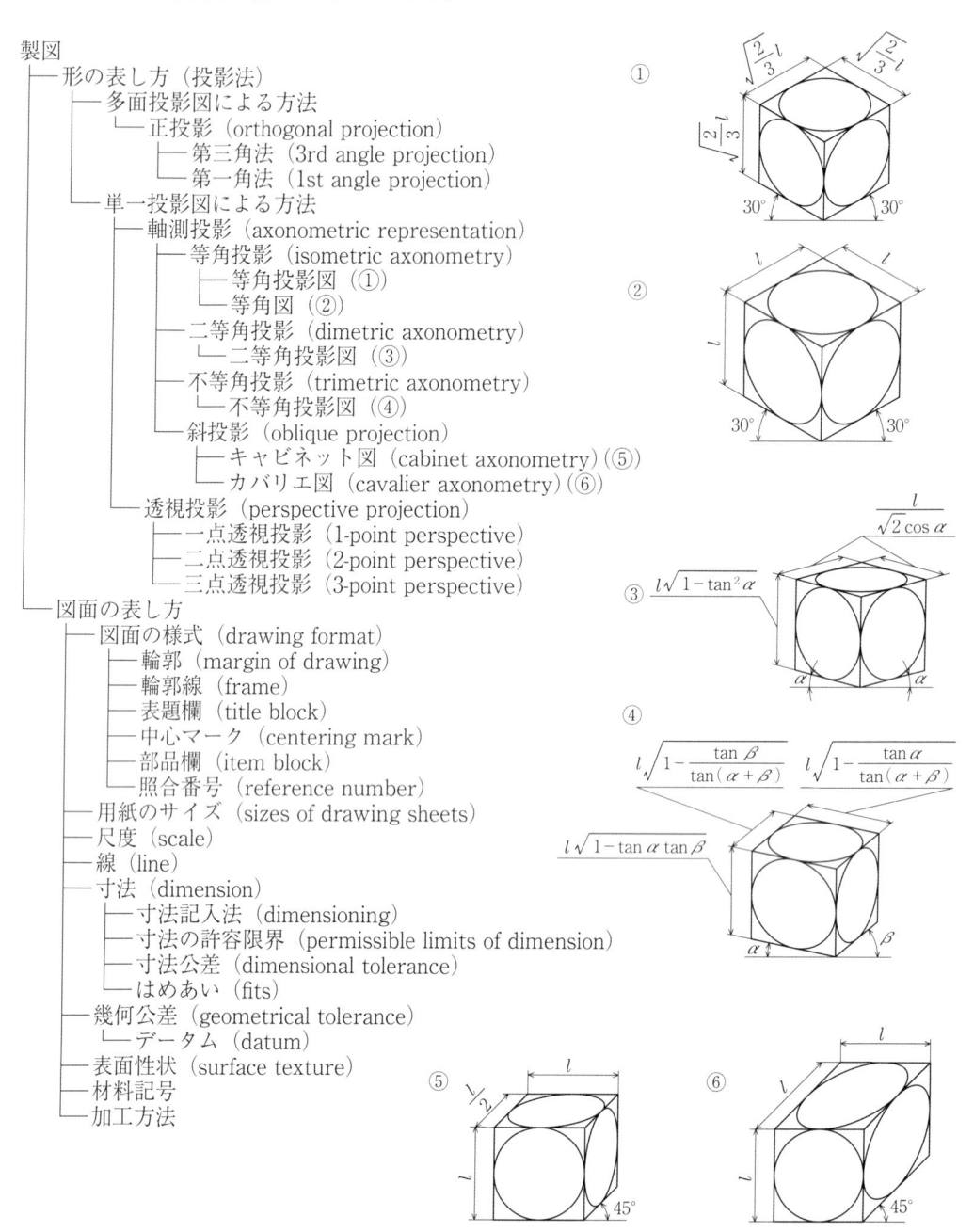

```
製図
├─形の表し方（投影法）
│   ├─多面投影図による方法
│   │   └─正投影（orthogonal projection）
│   │       ├─第三角法（3rd angle projection）
│   │       └─第一角法（1st angle projection）
│   └─単一投影図による方法
│       ├─軸測投影（axonometric representation）
│       │   ├─等角投影（isometric axonometry）
│       │   │   ├─等角投影図（①）
│       │   │   └─等角図（②）
│       │   ├─二等角投影（dimetric axonometry）
│       │   │   └─二等角投影図（③）
│       │   └─不等角投影（trimetric axonometry）
│       │       └─不等角投影図（④）
│       ├─斜投影（oblique projection）
│       │   ├─キャビネット図（cabinet axonometry）（⑤）
│       │   └─カバリエ図（cavalier axonometry）（⑥）
│       └─透視投影（perspective projection）
│           ├─一点透視投影（1-point perspective）
│           ├─二点透視投影（2-point perspective）
│           └─三点透視投影（3-point perspective）
├─図面の表し方
│   ├─図面の様式（drawing format）
│   │   ├─輪郭（margin of drawing）
│   │   ├─輪郭線（frame）
│   │   ├─表題欄（title block）
│   │   ├─中心マーク（centering mark）
│   │   ├─部品欄（item block）
│   │   └─照合番号（reference number）
│   ├─用紙のサイズ（sizes of drawing sheets）
│   ├─尺度（scale）
│   ├─線（line）
│   ├─寸法（dimension）
│   │   ├─寸法記入法（dimensioning）
│   │   ├─寸法の許容限界（permissible limits of dimension）
│   │   ├─寸法公差（dimensional tolerance）
│   │   └─はめあい（fits）
│   ├─幾何公差（geometrical tolerance）
│   │   └─データム（datum）
│   ├─表面性状（surface texture）
│   ├─材料記号
│   └─加工方法
```

図1－1　製図の体系

品物の形や大きさなどを平面上に表すには投影法を用いる。投影法には，品物を見る方向を変えて幾つかの図によって表す多面投影図による方法と，一つの図で品物の形を表す単一投影図による方法がある。

多面投影図によるものは，**正投影法**といわれるもので，方向を変えて平行光線によって品物の形を投影する。投影されたその図形に寸法を記入すれば，その品物の形や大きさを最も正確に表すことができる。これは重要な画法で，"製図"といえば正投影法といえるほど代表的な投影画法である。

一方，一つの図によって品物の形を表す投影画法には，**軸測投影**，透視投影などがある。これらの投影図は，品物を絵画と同じように立体的に表現するから，製図法を学んでいない人でも，図を見れば品物の形を容易に理解できる利点がある。なかでも軸測投影法は，立体製図又は**テクニカルイラストレーション**と呼ばれている。これらは，取扱説明書や商品カタログなどの説明用の図として広く用いられている。

(3) 製図規格
a．JISとISO

日本の最初の製図規格は1930年に公布された「日本標準規格」（JES：Japanese Engineering Standards）である。

JESは，長い間機械工業の分野で使用されて，工業の発展を図ってきた。しかし，第二次世界大戦後，諸工業の進歩は著しく，各分野が互いに関連する度合いも増してきて，品質のよい品物を能率よく生産し世に送り出すためには，より一層標準化することが欠かせない要件になってきた。

このような背景のもと，1949年に"工業標準化法"が公布された。これに従って，それまで使用されてきた"JES"は廃止され，新しく**日本工業規格**（JIS：Japanese Industrial Standards）が誕生した。JISは諸工業の広い分野にわたって標準化を図った日本の国家規格である。

製図についても，このJISに基づいた製図法に従って図面を描けば，その意図するところは，誤りなく第三者に伝えることができる。

世界の主要各国も，製図に関してそれぞれの国家規格を持っている。現在はインターネットなどで世界の情報が得られ，また国際交流や貿易がますます盛んになり，標準化は国際的にも重要な問題になってきた。そのような世界的な時代の要請によって生まれたのが，**国際標準化機構**（ISO：International Organization for Standardization）である。

ISOには，世界の主要各国はもとより，多くの国々が参加している。

各国は，自国の規格を尊重しながらも，それをISOに近付ける努力をしていて，国際的な標準化が進んでいる。JISの製図規格はISOを積極的に取り入れた規格であるので，JISに基づいた製図法によって表された図面は，国際的にも通用する図面ということがいえる。

b．製図総則

1984年，JISの改正によって新しい規格である製図総則（JIS Z 8310）が制定された。これによって，それまで用いられてきた製図の大綱を示す製図通則（JIS Z 8302）は全面的に廃止され，旧規格を細分化した内容の規格群（JIS Z 83群）が同時に制定された。

その後，ISOの制定・改正動向を踏まえ，より国際性と汎用性のある規格にすべきとの方針のもとにこれらの規格を順次改正して行くことになり，まず製図総則が2010年に改正された。特定分野の規格には，機械製図（JIS B 0001），建築製図通則（JIS A 0150），土木製図通則（JIS A 0101）等がある。一般事項については，この製図総則によらなければならない。

製図総則の適用範囲は，「この規格は，工業分野で用いる図面を作成する場合（以下，製図という。）の基本的事項及び総括的な製図体系について規定する。なお，ここでいう図面とは，対象物を平面上に図示するもの又はCADモニタ上に図示するものであって，設計者・制作者の間，発注者・受注者の間などで必要な情報を伝えるもの，及び所定の様式を備えたものをいう。」と定められている。

c．製図に関する規格

表1-2に製図に関する諸規格を大別して示す。

これらは図面をつくる上で，互いに深い関連があるので，規格の内容を理解し，正しく，分かりやすい図面をつくるように心掛けることが大切である。

表1−2 製図に関する規格

区　　　　分	規格番号	規　格　名
製図全般にわたるもの	Z 8114：1999	製図—製図用語
	Z 8310：2010	製図総則
製図総則に関するもの	Z 8311：1998	製図—製図用紙のサイズ及び図面の様式
	Z 8312：1999	製図—表示の一般原則—線の基本原則
	Z 8313：1998	製図—文字
	Z 8314：1998	製図—尺度
	Z 8315：1999	製図—投影法
	Z 8316：1999	製図—図形の表し方の原則
	Z 8317：2008	製図—寸法及び公差の記入方法—第1部：一般原則
	Z 8318：1998	製図—長さ寸法及び角度寸法の許容限界記入方法
部門別規格	A 0101：2003	土木製図通則
	A 0150：1999	建築製図通則
	B 0001：2010	機械製図
	B 3402：2000	ＣＡＤ機械製図
機械要素や部分に関するもの	B 0002：1998	製図—ねじ及びねじ部品
	B 0003：1989	歯車製図
	B 0004：2007	ばね製図
	B 0005：1999	製図—転がり軸受
	B 0041：1999	製図—センタ穴の簡略図示方法
	B 0011：1998	製図—配管の簡略図示方法
形状の精度に関するもの	B 0021：1998	製品の幾何特性仕様（ＧＰＳ）—幾何公差表示方式—形状，姿勢，位置及び振れの公差表示方式
	B 0022：1984	幾何公差のためのデータム
	B 0419：1991	普通公差—第2部：個々に公差の指示がない形体に対する幾何公差
	B 0031：2003	製品の幾何特性仕様（ＧＰＳ）—表面性状の図示方法
寸法に関するもの	B 0401：1998	寸法公差及びはめあいの方式
	B 0403：1995	鋳造品—寸法公差方式及び削り代方式
	B 0405：1991	普通公差—第1部：個々に公差の指示がない長さ寸法及び角度寸法に対する公差
	B 0408：1991	金属プレス加工品の普通寸法公差
	B 0410：1991	金属板せん断加工品の普通公差
	B 0411：1978	金属焼結品普通許容差
	B 0415：1975	鋼の熱間型鍛造品公差（ハンマ及びプレス加工）
	B 0416：1975	鋼の熱間型鍛造品公差（アプセッタ加工）
	B 0613：1976	中心距離の許容差
図記号に関するもの	Z 3021：2010	溶接記号
	Z 8204：1983	計装用記号
	Z 8207：1999	真空装置用図記号
	A 0151：1961	建具記号
	B 0122：1978	加工方法記号
	B 0125：2007	油圧・空気圧システム及び機器—図記号及び回路図
	B 8601：2001	冷凍用図記号
	C 0617：2011	電気用図記号
	C 0303：2000	構内電気設備の配線用図記号

1．2　図面の大きさと様式

図形がきれいに描かれていて，それに寸法などが記入されていても，それだけでは図面といえず，単なる図に過ぎない。

"図面"とは，投影法に従って対象物を平面上に描き，さらに，これに輪郭，表題欄，要目表などを所定の様式に従って定められた用紙に表したとき，はじめて図面ということができる。

（1）製図に用いる用紙の大きさ

用紙の大きさは，JISでA列とB列が規定されているが，製図にはA列を用いる。A列の全紙（A0と呼ぶ）は長方形で，その面積は1m^{2}と定められている。

用紙は，図1－2（a）のように，A0の長手方向を半分にしたものをA1，A1の長手方向を半分にしたものをA2と呼び，以下同様にA3，A4，…と呼ぶ。製図に用いる用紙の大きさはA0からA4までとする。

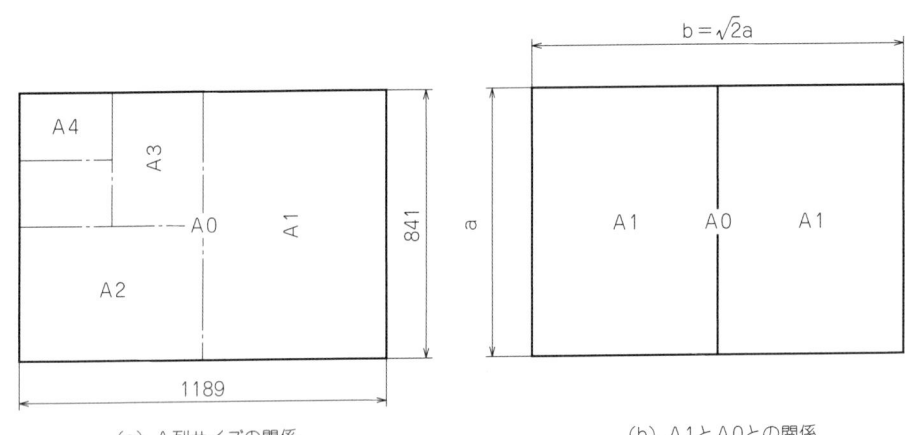

(a) A列サイズの関係　　　(b) A1とA0との関係

図1－2　製図用紙の大きさ

A1とA0との関係は，複写するのに都合がいいように相似形になっており，面積比が1：2であるので相似比は1：$\sqrt{2}$ となる。図1－2（b）に示すように，A0の短辺の長さをaとすると，相似の関係からA0の長辺の長さbは$\sqrt{2}$aとなる。表1－3にA列サイズの値を示す。

A列サイズ（表1－3）を超える図面の大きさが必要な場合には，表1－4に示す特別延長サイズを用いる。例えば特別延長サイズA4×3は，図1－3のようにA4サイズを3倍にした大きさを示す。

表1－3　A列サイズ　[mm]

呼び方	寸法a×b
A0	841×1189
A1	594×841
A2	420×594
A3	297×420
A4	210×297

表1−4　特別延長サイズ　[mm]

呼び方	寸法a×b
A3×3	420×891
A3×4	420×1189
A4×3	297×630
A4×4	297×841
A4×5	297×1051

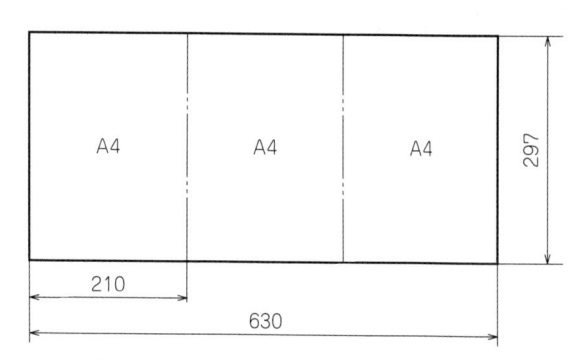

図1−3　特別延長サイズ（A4×3）

（2）図面の様式

図面の様式は，図面として必ず設けなければならない事項と，図面として設けることが望ましい事項に分けられ，次のように規定されている。

（a）　図面に必ず設ける事項

① 輪郭
② 表題欄
③ 照合番号
④ 中心マーク

（b）　図面に設けることが望ましい事項

① 比較目盛
② 図面の区域
③ 部品欄
④ 裁断マーク

これらの事項は，それぞれ次のような意味を持つ。

a．輪　郭

図を描く領域を明瞭にし，用紙の傷みなどによって図面が損なわれないように，図面には必ず輪郭を付ける。

輪郭の大きさは，用紙の大きさに応じて表1−5及び図1−4に示すとおりとする。

表1−5　（図面の）輪郭の幅（JIS B 0001 : 2010）[mm]

用紙サイズ	c（最小）	d^*（最小）	
		とじない場合	とじる場合
A0	20	20	20
A1			
A2	10	10	
A3			
A4			

＊：dの部分は，図面をとじるために折りたたんだとき，表題欄の左側になるように設ける。なお，A4サイズの図面用紙を横置きで使用する場合は，dの部分は上側になる（図1−4参照）。

製図の基礎

また，輪郭線の太さは0.5mm以上の実線とし，図面をとじる場合は左側にとじ代を設ける。

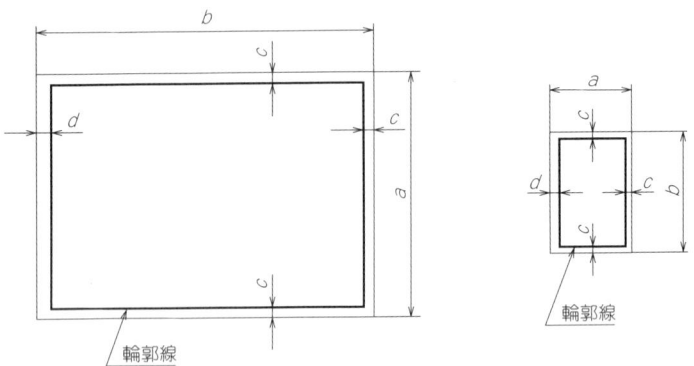

(a) A0からA4を横置きで使用する場合　　(b) A4を縦置きで使用する場合

（備考）図中 a, b については表1－3参照，c, d については表1－5参照

図1－4　図面のサイズ

b．表　題　欄

　表題欄は，図面の顔であって，図面管理上欠かせない事項である。表題欄に記入する必要事項は，図面番号，図名，企業（団体）名，責任者の署名，図面作成年月日，尺度，投影法などである。これらの事項を記入する枠取りの区分には細かい規定はないので，各企業や工場によっていろいろ工夫されている。

　表題欄の位置は，輪郭線の右下隅内側に設ける。その幅は170mm以下とする。図1－5は表題欄の一例を示したものである。

3	昇降スクリュー	S40C	1		
2	フランジ	S45C	1		
1	スピンドル	S50C	1		
照合番号	品　　　名	材質	個数	質量	記　　事
校名	○○○○校	月日 H22-10-14	製図	写図	検図
氏名	鈴木一郎	尺度	1:1	投影法	
図名	砥石軸頭組立平面研削盤	図番	GS-2402		

図1－5　表題欄と部品欄の例

c．照合番号と部品欄

　製作図を描く場合，前項で示した表題欄とともに，照合番号と部品欄が必要となる。

機械や装置は多くの部品によって組み立てられている。それを構成する部品には固有の番号を付けて整理する。それが照合番号である。

照合番号は，原則として円内に数字を用いて記入する。組立図や部分組立図などの場合は，部品の図形から引出線を用いて記入する。その際，部品の内部から引出す時は先端に黒丸を，部品の外部から引出す時は先端に矢印を付ける（図1－6）。単品を表した部品図では，図形の傍らか図中に記入する。

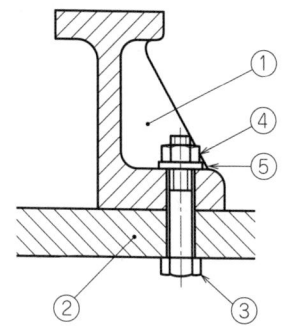

図1－6　照合番号の記入例

部品欄は，図面に描かれている各部品の生産管理上の必要事項を示すもので，照合番号，名称，材質，個数などをまとめて表したものである。

一品一葉の部品図では，品物は一つだけ描かれるから，部品欄は一行だけ記入される。組立図では，それを構成する部品のすべてについて記入する。

図面内に示す部品欄の位置は，特に定められた規定はないので，図面の大きさや図形の配置によって，見やすい位置に設けてもよい。

図面にはその右下隅に表題欄が設けられるから，一般にこの表題欄に接して部品欄が設けられる。このようにすると図面を折りたたんだ場合も表題欄とともに部品欄が見えて分かりやすい（図1－5）。多数の部品による組立図では，必然的に部品欄も多くなる。このようなときには，別にリストをつくり，部品表又は部品明細表として図面に添える。

d．中心マーク

中心マークは，用紙の四辺のそれぞれの中央に，用紙の端から輪郭線の内側約5mmまで最小0.5mmの太さの線を引く（図1－7）。

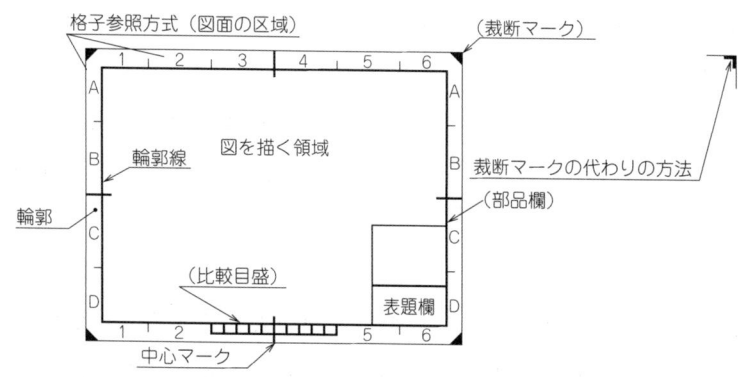

図1－7　図面の様式

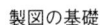

中心マークは，図面の縮小撮影の際や，縮小された図面を必要な大きさに拡大して複製するときに便宜上設けられたものである。

e．比較目盛

図面の縮小，拡大の複写の作業や，それらの複写図面を見るときは，図面に比較目盛があった方が都合がよい。

比較目盛は，図面の下側の輪郭線の外側に設ける。目盛の間隔は10mmとし，中心マークを中心として長さ100mm以上とする。また，線の太さは最小0.5mm，長さは5mm以下とすることになっている。

比較目盛は，描かれた図形の大きさを測るためのものではなく，原図に記入された100mmの比較目盛に対して，複写された図面が原図どおりの大きさに複写されているか，又は，どのくらいの割合で縮小，拡大されているかなどをチェックするためのものである。

f．図面の区域と格子参照方式

図面の区域とそれを表す文字及び記号は，図面上の各部分の番地といえるものである。

格子の長方形は，図面の輪郭線の外側の余白を縦，横偶数個に分け，縦の辺に沿って上から順にA，B，C，…のアルファベットの大文字を，横の辺に沿って左側から順に1，2，3，…の数字を付ける。格子を形成する長方形の各辺の長さは，図面の大きさに応じて，25mmから75mmの間の適当な長さに区切るのがよい（図1－7）。

図面に格子参照方式を設けるのは，その図面に関して，追記する事項，変更箇所，あるいは図面の内容についての照会や連絡の際に，特定の部分を明確に指定できるようにするためである。これにより，最も確実な情報伝達を行うことができる。

g．裁断マーク

裁断マークは，ロール紙に複写された図面を自動裁断するために，用紙の四隅に付けるマークである（図1－7）。

自動裁断機は，このマークをセンサで検知して，自動的に裁断する。もちろん，人手による裁断の場合でも，このマークに沿って裁断すれば図面の大きさをきれいにそろえることができる。

（3）図面の保管方法

原図は折りたたまないのが普通である。原図を折りたたむと折り目が付いて，それが複写図に写ったり，折り目が破損の原因になったりする。したがって，原図は折りたたまずに広げたままか，又は巻いて保管する。

巻く場合も，あまり小さく巻くとかえって図面損傷のもとになるから，巻くときの内径は少なくとも４０ｍｍ以上にするのがよい。

複写した図面は，取扱い上，折りたたんで使用される場合が多い。そのとき折りたたむ大きさは，原則としてＡ４（２１０×２９７ｍｍ）の大きさにする。Ａ４の大きさにするのは，図面と一緒に取り扱う技術文書もＡ４の大きさが最も多く，ファイルや格納にも便利である。また，折りたたむときは，たたんだ図面の表側に表題欄が出るようにして，図名や図面番号がそのままで分かるようにする。図１－８に図面の折り方の例を示す。

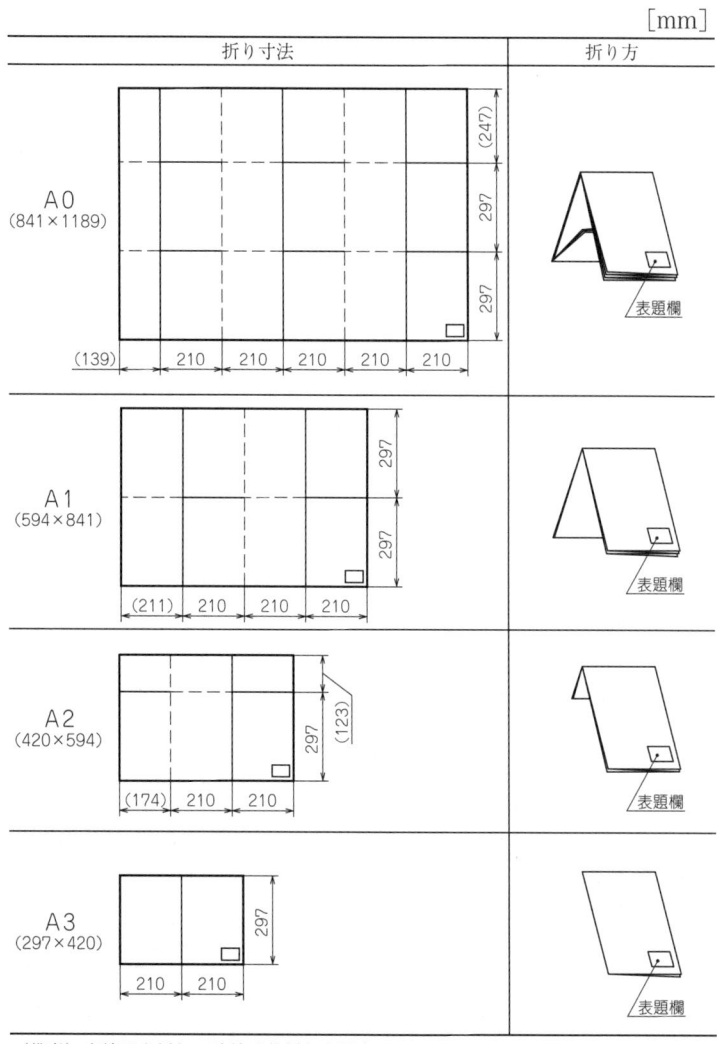

（備考）実線は山折り，破線は谷折りを示す。
図１－８　図面の折り方の例（基本折りの場合）

第2節　製図用具

2．1　製図用具の種類と用法

　製図を行うには，製図器やいろいろな用具，消耗品が使われるが，明瞭な図面を，正確にしかも速く描くためには，用具に慣れて，それを十分に使いこなすことが必要である。そのためには，できるだけ品質のよいものを選んで練習し，確実な用法を身に付けることが大切である。

（1）製図用具の種類

a．図　板

　図面を描くときに製図用紙を張る板で，図板の表面を特殊なマグネットシートで覆ったもの（マグネット製図板），図板の表面をビニル加工したもの，軽くて反りがなく持ち運びに便利なベニヤ製のものなどがある。これらの中で，製図用紙を簡単に張れるマグネット製図板が便利である。

b．製 図 器

　各種のコンパス類，ディバイダ（図1－9），製図ペン（図1－10）などが多く使われているが，使用頻度の高いのは，中コンパス，スプリングコンパス，ディバイダである。

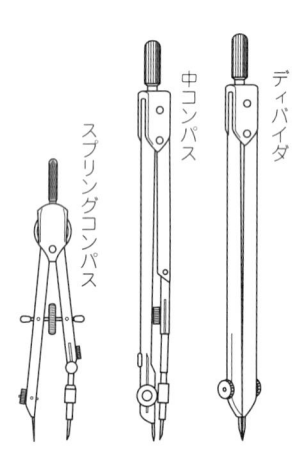

図1－9　コンパスとディバイダ

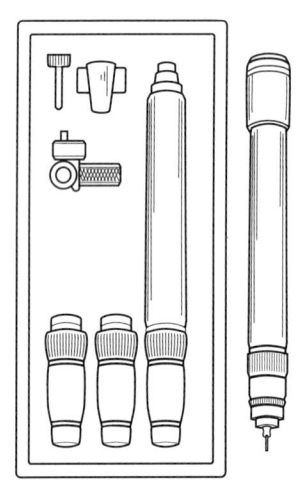

図1－10　製図ペン

　墨入れ用製図器は，ペン先を簡単に取り替えることによって，いろいろな線の太さを自由に選択できる万年筆形の製図ペン（図1－10）ができて，従来から使用されていたからす口に代わって墨入れに使われるようになった。

c. 定　規
（a）T定規

T形の定規で，頭の部分を製図板の側面を案内にして移動して平行線を引くことや，三角定規を定規面に沿って滑らせ，垂直線や斜めの平行線を引くことに用いられる。

（b）三角定規

直角二等辺三角形と，60°，30°の直角三角形の2枚で一組になっている。目盛のない透明なプラスチック製のものが使いやすい。大きさは図1－11に示すLの長さで表す。

（c）雲形定規

自由曲線（曲率が連続的に変化する曲線）を引くのに用いられる定規で，図1－12に示すように，いろいろな曲線からできた定規を組み合わせてある。

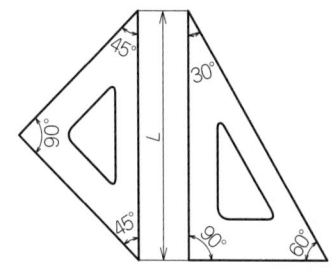

図1－11　三角定規

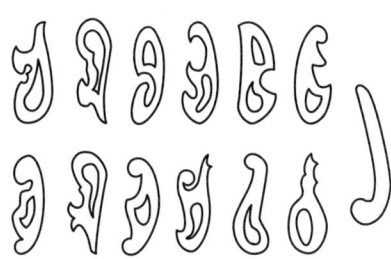

図1－12　雲形定規

d．スケール

製図用には，竹製又はプラスチック製で，長さ300mmのものが多く使われている。また，三角スケールは，数種類の縮尺目盛が付いているので，縮尺図を描くときに便利である（図1－13）。

e．分　度　器

半円形につくられた透明なプラスチック製で，円弧上に180°の目盛が刻んである（図1－14）。角度の割り出しに用いられる。

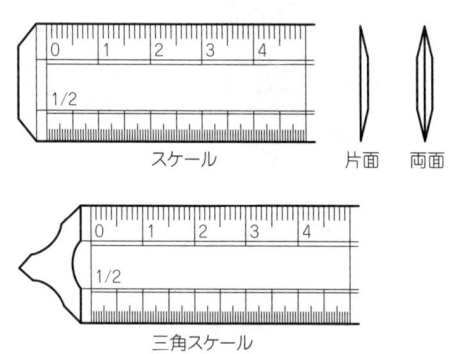

図1－13　スケール

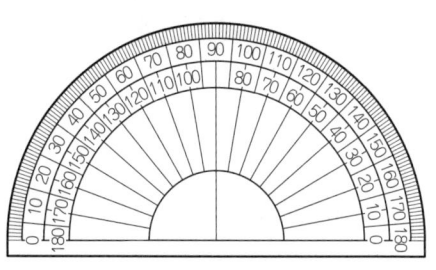

図1－14　分度器

f．鉛　筆

鉛筆について，JIS S 6006では濃度記号H，F，Bで分類し，6Bから9Hまで17種類を規定している。鉛筆の硬さ又は濃度は，Fを中間種として，Hの数が増えるほど硬く，Bの数が増えるほど軟らかく，濃くなる。製図用としては，2B～3Hの範囲が多く使われている。現在では鉛筆にかわりシャープペンシルが多く用いられている。

g．製図用紙

製図に用いる用紙には，トレース紙，ケント紙がある。

一般にはトレース紙が広く使用され，A2，A3などの大きさに切断されたものと，ロール状に巻かれたものがある。

h．製図機械

製図機械は能率のよい製図が可能で，T定規，三角定規，分度器，スケールなどの機能をもった機械である。図1－15に示すように傾斜角度，高さが調節できる製図台の上に製図板を載せ，それに縦横移動レール及び分度器機能付スケールを取り付けている。

現在の工業界ではCAD指向が高まり，製図作業も能率を上げるためCADシステムが活用されている（CAD：Computer Aided Design）。

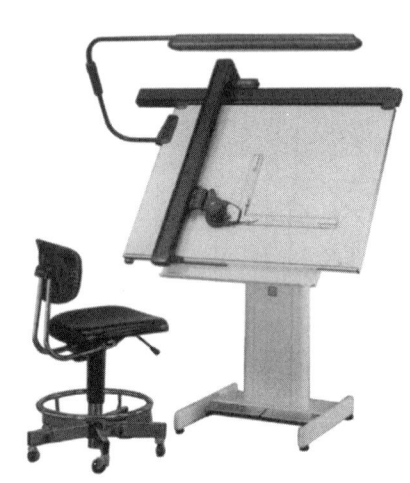

図1－15　製図機械

i．その他

製図をするときの補助的な小道具類として，各種のテンプレート（型板）や，図1－16に示すような用具がある。

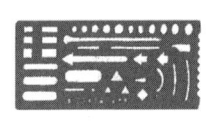
消し板

芯研ぎ器

製図用ブラシ

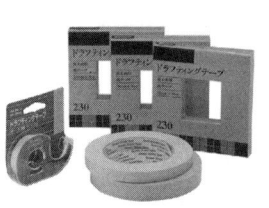
製図用テープ

図1－16　小物類

第1章 製図一般事項

製図用消しゴム　　　　　　　　　　　　製図用文鎮

図1－16　小物類（続き）

（2）製図用具の使用法

a．直線の引き方

　直線を引くときは，鉛筆又はシャープペンシルの芯を定規の縁にしっかりと付け，一定の強さでむらのないように引く。水平線は左から右へ，垂直線は下から上へ引き，右上がりの斜線は左下から右上に，右下がりの斜線は左上から右下に引くとよい。

　図1－17は，T定規と三角定規を用いたときの線引きの方向を示したものである。

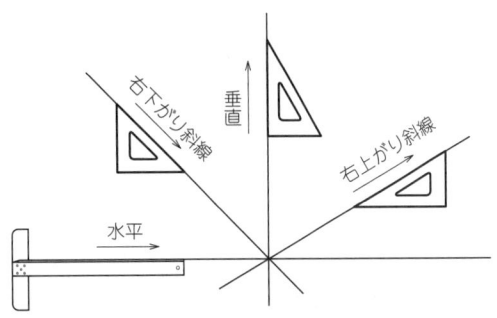

図1－17　線引きの方向

b．コンパスの使い方

　コンパスは，足先が折れ曲がるようになっているので，足先と鉛筆の芯はなるべく紙面に直角に当たるようにして描く。直線を引く場合と異なり，コンパスは中心位置が動いたり，足先が広がったりしやすいので，練習を重ねて，早く慣れることが大切である。

　コンパスの使い方と円の描き方を図1－18に示す。

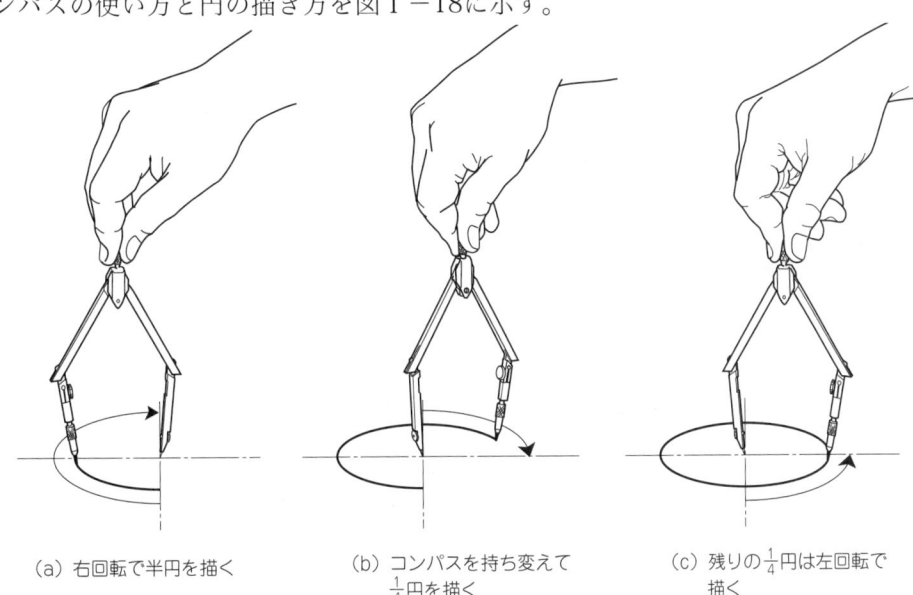

（a）右回転で半円を描く　　（b）コンパスを持ち変えて$\frac{1}{4}$円を描く　　（c）残りの$\frac{1}{4}$円は左回転で描く

図1－18　コンパスの使い方

c．ディバイダの使い方

ディバイダは，両足の開きによって寸法を移したり，線分や円周を分割したりするのに使用される（図1－19）。寸法を移したり，割付けをしたりするときは，紙面に小さい針跡を付ける。

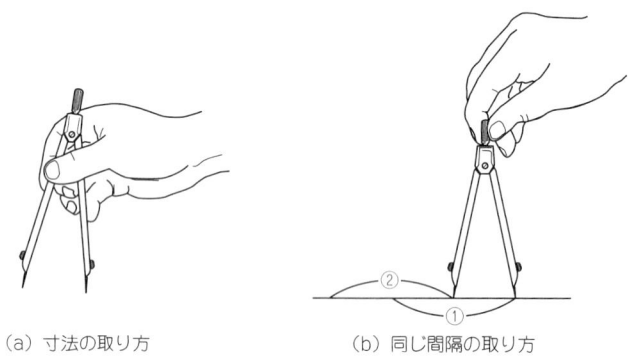

(a) 寸法の取り方　　　　(b) 同じ間隔の取り方

図1－19　ディバイダの使い方

d．雲形定規の使い方

コンパスで描けない自由曲線を引くには，数枚の雲形定規から適当なものを選び出し，引こうとする曲線の各点を順次つなぐ。図1－20に示すようにA，B点の継ぎ目は，前後の各点に定規を重複させるようにして引くと滑らかな曲線を描くことができる。

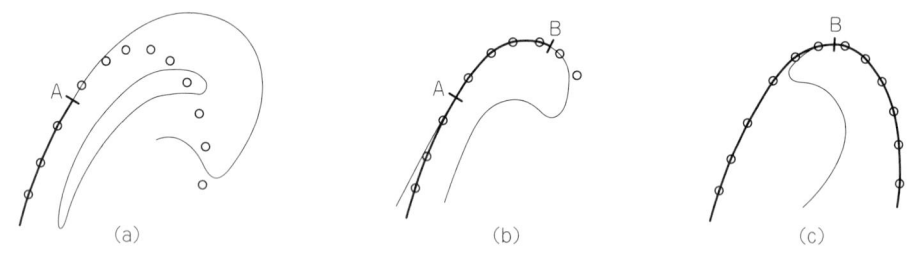

図1－20　雲形定規の使い方

第3節　線と文字

3．1　線の種類と用法

図面に描かれる図形は，線によって表される。線は明瞭に描き，描かれた図形は見やすくなければならない。

製図に用いる線は，線の形とその太さの違いによって機能をもたせ，外形線や寸法線などの使用区分が決まる。

(1) 線 の 形

線の形を表1－6に示す。

表1－6 線の基本（JIS Z 8114：1999抜粋）

用 語	定 義
実 線	連続した線。
破 線	一定の間隔で短い線の要素が規則的に繰り返される線。
一点鎖線	長及び極短（ダッシュ）2種類の長さの線の要素が交互に繰り返される線。
二点鎖線	長及び極短（ダッシュ）2種類の長さの線の要素が，長・極短・極短の順に繰り返される線。

(2) 線の太さ

線の太さには，細線・太線・極太線の3種類がある（表1－7）。

このうち極太線は，ある部分について，ごくまれにしか用いられない線である。例えば，タンクなどの，薄肉部の断面を1本の線で表すときのように，特殊な用途の線である。

表1－7 線の太さ比率

太さによる線の種類	太さの比率
細 線	1
太 線	2
極 太 線	4

線の太さの基準は0.13，0.18，0.25，0.35，0.5，0.7，1.0，1.4，2.0mmである。

線は図面の大小や，図の複雑度などによって太さを選ぶ必要があるが，同一の図面内では太線と細線はそれぞれ線の太さをそろえて描くことが大切である。

(3) 線の用法

線はその形と太さによって用途が決まる。

表1－8に，主な線の形と太さの関係を示す。この表から図面に用いる線の太さは，ほ

表1－8 主な線の形と太さの関係

太さの種類 \ 形の種類	実 線	破 線	一点鎖線	二点鎖線
太 線	外形線	かくれ線	特殊指定線 基準線	
細 線	寸法線 寸法補助線 引出線 中心線 破断線 回転断面線 水準面線 ハッチング	かくれ線	中心線 基準線 ピッチ線 切断線	想像線 重心線 光軸線
極 太 線	薄肉部の切り口を示す線 特定の範囲を示す線			

とんどが細線と太線の2種類でよいということが分かる。

表1-9に用途による線の種類を，図1-21に用法の例を示す。

表1-9 主な用途による線の種類

線 の 種 類	用　　　途	図　　例
外 形 線 （太い実線）	対象物の見える部分の形状を表すのに用いる。	
かくれ線 （細い破線又は太い破線）	対象物の見えない部分の形状を表すのに用いる。	
中 心 線 ① ② （細い一点鎖線又は細い実線）	① 細い一点鎖線 a）図形の中心を表すのに用いる。 b）中心が移動する中心軌跡を表すのに用いる。 ② 細い実線 図形に中心線を簡略化して表すのに用いる。	
寸 法 線 （細い実線で両端に矢印を付ける） 寸法補助線 （細い実線）	寸法記入に用いる。 寸法を記入するために図形から引き出すのに用いる。	寸法線　寸法補助線 85
引 出 線 （細い実線で，一端を水平に折り曲げる）	記述・記号などを示すために引き出すのに用いる。	10キリ
切 断 線 （細い一点鎖線で，両端と屈曲部を太く表す）	断面図を描く場合，その断面位置を対応する図に表すのに用いる。	
破 断 線 ① ② （いずれも細い実線）	対象物の一部を破った境界，又は一部を取り去った境界を表すのに用いる。 ①：フリーハンドで描いた破断線 ②：自動製図などに便利な直線的な破断線	
回転断面線 （細い実線）	図形内にその部分の切り口を90°回転して表すのに用いる。	

線の種類	用途	例
想像線 (細い二点鎖線)	a）隣接部分を参考に表すのに用いる。 b）工具，ジグなどの位置を参考に示すのに用いる。 c）可動部分を，移動中の特定の位置又は移動の限界の位置で表すのに用いる。 d）加工前又は加工後の形状を表すのに用いる。 e）繰返しを示すのに用いる。 f）図示された断面の手前にある部分を表すのに用いる。	
ハッチング (細い実線)	図形の限定された特定の部分を他の部分と区別するのに用いる。例えば，断面図の切り口を示す。	
水準面線 (細い実線)	水面，液面などの位置を表すのに用いる。	
特殊指定線 (太い一点鎖線)	特殊な加工を施す部分など特別な要求事項を適用すべき範囲を表すのに用いる。	

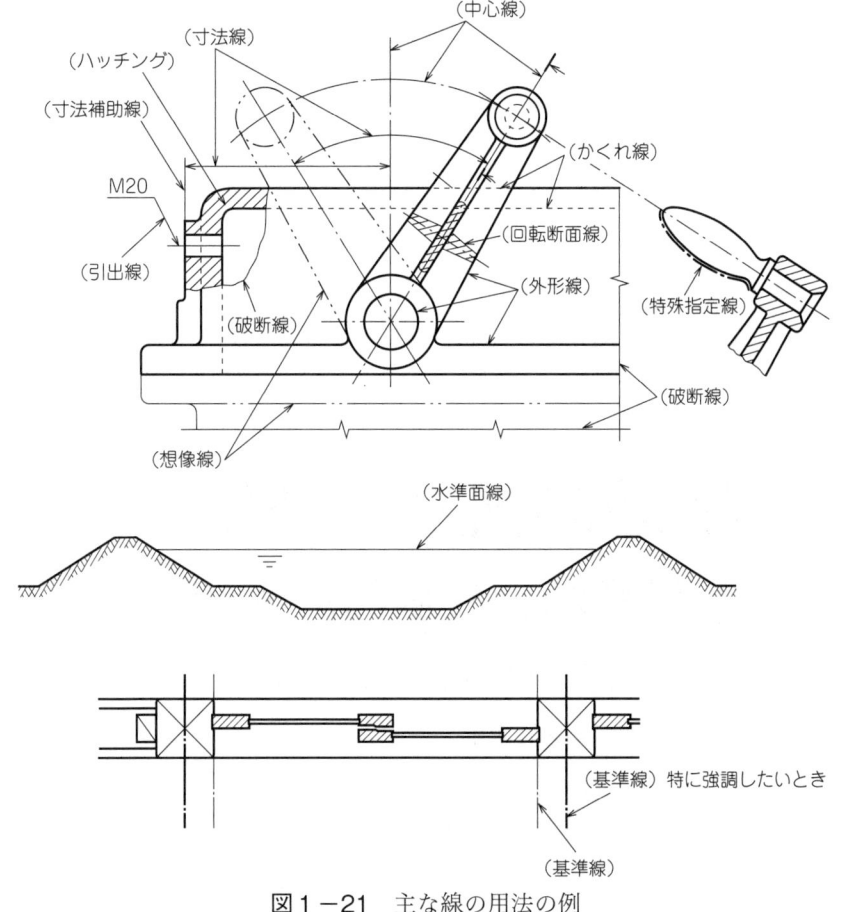

図1-21　主な線の用法の例

3．2　文字の種類と用法

　文字は寸法表示や，表題欄，部品表，加工上の指示など，図面の中で記述用として用いられる。

　製図用の文字は，うまく書くということよりも，正確，明瞭に書くことが大切で，図面を縮小した場合でもはっきりと読み取ることができなければならない。そのためには，次の点に注意すること。

① 　読みやすいこと

　　　文字は一字一字が正確に読めるように明瞭に書く。鉛筆書きの文字は，図形を表した線の濃淡に揃えて書く。

② 　均一であること

　　　文字の大きさを揃え，同じ大きさの文字は線の太さもなるべく揃えるようにする。

③ 　写真縮小にも適していること

　　　図面をマイクロフィルムに撮影し，それを利用する場合にもはっきり読めるように書く。そのためには，文字の大きさ，文字の間隔，線の濃淡が重要な点になる。

　このように，製図用の文字は図形や線と同じように重要な要素であり，次のような規定がある。

（1）漢字・仮名

　用いる漢字は，常用漢字表によるのがよい。ただし16画以上の漢字は，できる限り仮名書きとする。

　仮名は，平仮名又は片仮名のいずれかを用い，一連の図面においては混用しない。

　図1－22に漢字及び仮名の例を示すが，いずれも推奨書体を示したものではない。読みやすく誤読のおそれがなければ，書体にこだわる必要はない。

大きさ 10 mm　断面詳細矢視側図計画組

大きさ 7 mm　断面詳細矢視側図計画組

大きさ 5 mm　断面詳細矢視側図計画組

大きさ 3.5 mm　断面詳細矢視側図計画組

　（備考）　この図は，書体及び字形を表す例ではない。

（a）漢字の例

図1－22　漢字及び仮名の例

大きさ 10 mm　アイウエオカキクケ
大きさ 7 mm　コサシスセソタチツ
大きさ 5 mm　テトナニヌネノハヒ
大きさ 3.5 mm　フヘホマミムメモヤ
大きさ 2.5 mm　ユヨラリルレロワン

大きさ 10 mm　あいうえおかきくけ
大きさ 7 mm　こさしすせそたちつ
大きさ 5 mm　てとなにぬねのはひ
大きさ 3.5 mm　ふへほまみむめもや
大きさ 2.5 mm　ゆよらりるれろわん

（備考）　この図は，書体及び字形を表す例ではない。

(b) 仮名の例

図1-22　漢字及び仮名の例（続き）

（2）ラテン文字・数字及び記号

　ラテン文字，数字及び記号の書体は，A形書体又はB形書体のいずれかの直立体又は水平から75°傾けた斜体を用い，混用はしない。ただし，量記号は斜体，単位記号は直立体とする。

　図1-23に，比較的よく使用されるB形書体の斜体を示す。漢字，仮名は直立体しかないので，これらとラテン文字，数字及び記号の斜体は混用してもよい。このとき，ベースラインを合わせる。

大きさ 10 mm　*1234567890*
大きさ 5 mm　*1234567890*
大きさ 7 mm　ABCDEFGHIJKLMN
　　　　　　　OPQRSTUVWXYZ
　　　　　　　aabcdefghijklmnopqrstuvwxyz

（備考）　この図は，書体及び字形を表す例ではない。

図1-23　ラテン文字及び数字の例

（3）文字の大きさ

文字の大きさは表1－10に示す規定がある。漢字は他の文字に比べて画数が多いから，他の文字と組み合わせて書く場合は，漢字をやや大きめに書く。例えば仮名や数字が5mmのときは，漢字は1ランク上の7mmを選ぶというようにする。数字やラテン文字に対して表の1ランク上にすればバランスがとれる。

表1－10　文字の大きさの呼びの種類　　　［mm］

文　　　字	2.5	3.5	5	7	10
漢　　　字	−	○	○	○	○
仮名, 数字, ラテン文字	○	○	○	○	○

ラテン文字や数字は，乱暴に書くと紛らわしくなり，誤読のおそれがある。

慣用文字を不用意に書くと間違いやすいものを表1－11に示す。これらの文字は特に注意して書くようにする。

表1－11　誤りやすい文字の例

アラビア数字		ラテン文字		ラテン文字		片仮名		片仮名	
1	7	B	8	b	6	ケ	ク	ム	△
2	Z, 乙	D	0	d	a	ス	ヌ	ユ	コ
3	8	I	1	e	ℓ	ソ	ン	リ	ソ
4	チ	O	0	f	ナ	ツ	シ	ワ	ク
5	S	S	5, 8	g	9	テ	チ		
8	B	U	V	ℓ	1	ナ	メ		
		Z	2, 乙	q	9	ホ	木		

第4節　尺　　　度

図面に描く対象物には，大きな建造物から小さな機械部品など，その大きさには大小様々なものがある。

大きな対象物の全体を一目で分かるようにするためには，縮小して描かなければならないし，複雑な小さな部品では，これを拡大して細かい部分も分かるように描かなければならない。

図面に用いる尺度とは，描かれた図形の長さと，対象物の実際の長さとの割合である。実物と同じ大きさで描かれた場合を現尺，縮小した場合を縮尺，拡大した場合を倍尺という。

4．1　尺度の表し方

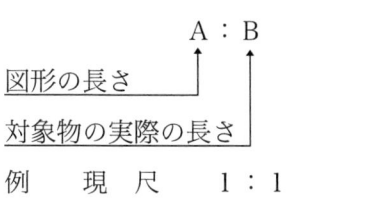

例　現　尺　　1：1
　　倍　尺　　2：1　10：1
　　縮　尺　　1：2　1：10

表1−12　推奨尺度（JIS B 0001：2010）

種別	推奨尺度		
現　尺	1：1		
倍　尺	50：1　　　 5：1	20：1　 2：1	10：1
縮　尺	1：2　　　 1：20　　　 1：200　　　 1：2000	1：5　 1：50　 1：500　 1：5000	1：10 1：100 1：1000 1：10000

　製図に用いる推奨尺度を表1−12に示す．
　特別に大きい倍尺又は小さい縮尺が必要な場合には，尺度の推奨範囲を超えて上下に拡張してもよいが，用いる尺度は推奨尺度に10の整数乗を乗じて得られる尺度にする．
　土木製図や建築製図では，いずれも対象物が大きいから，縮尺が多く使われる．
　機械製図の場合でも，総組立図又は部分組立図では，一目で組立の状態と関連の機構が分かるように縮尺が用いられる．しかし，単品の製作図では，よほど大きなものは別として現尺を用いるのが原則である．現尺の図面は，製作者が一見して，品物の大きさ，材料取り，加工機械や手順などを即座に判断でき，誤解も少ない．図面は，その意図するところを正確にしかも分かりやすく伝えられるものでなければならない．特に製作における部品図では，任意の縮尺や倍尺を用いることのないようにする．

第1章の学習のまとめ

　製図に関する規格は数多くある。国際規格との整合を図り広く各工業分野で共通的に規定されたJIS Zシリーズと，その規定範囲内で機械工業分野に的を絞ったJIS Bシリーズがある。

　ここでは，JIS B 0001に基づいて記述し，他規格は補完として述べた。

【 練 習 問 題 】

次の各問に答えなさい。

（1）日本工業規格機械製図の規格番号は何番か。

（2）図形を描く線の太さで，最も細い線の基準は何mmか。

（3）図面の中で用いる漢字と仮名の種類と用法は，どのように定められているか。

（4）図面の中で用いるラテン文字，数字及び記号の種類と用法は，どのように定められているか。

（5）図面の区域とそれを表す文字及び記号で，図面上の各部分の番地を示す方式名は何か。

第2章 基礎図法

用器画法は，幾何学的理論に基づき，定規やコンパスを使って図形を描く方法で，図学ともいわれる。製図の基礎知識として重要なものであり，これを習得することによって，図形の見方や表し方を正しく理解することができる。

第1節 平面画法

平面画法は，平面幾何学の理論を応用して，三角形，多角形，円その他の平面図形を作図する画法である。

1．1 線と角に関する画法
（1）与えられた直線を2等分する方法

（図2－1）

① 直線ＡＢの両端Ａ及びＢを中心として，ＡＢの半分より大きい任意の半径で円弧を描き，その交点をＣ及びＤとする。

② ＣとＤを結べば，ＣＤはＡＢの垂直2等分線である。これはＡＢ間が円弧の場合も同様である。

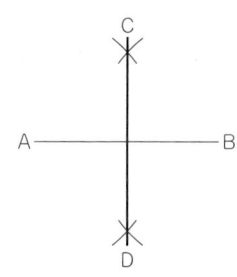

図2－1　与えられた直線を2等分する方法

（2）与えられた直線を任意の数に等分にする方法

（図2－2）

直線ＡＢを，例えば7等分する場合。

① Ａから任意の方向に直線ＡＣを引く。

② 任意の長さＡ1を決めて，Ａを起点としてこの長さでＡＣ上に1，2，3，…，7までをとる。

③ 7の点とＢを結び，7Ｂに平行に66′，55′，44′，…，11′をつくると，1′，2′，3′，…，6′は，ＡＢの7等分点である。

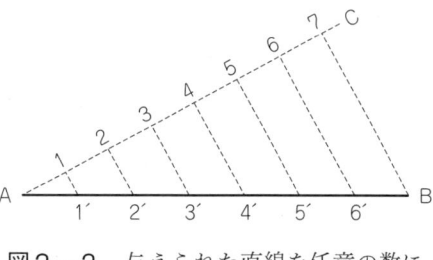

図2－2　与えられた直線を任意の数に等分する方法

(3) 直線上の与えられた点を通り，この直線に垂直な線を引く方法（図2−3）

① 与えられた点Ｐを中心として，任意の半径で円弧を描き，直線との交点をＡ，Ｂとする。

② Ａ，Ｂを中心として円弧を描き，交点Ｃを求め，これとＰを結べば，ＣＰはＡＢに垂直である。

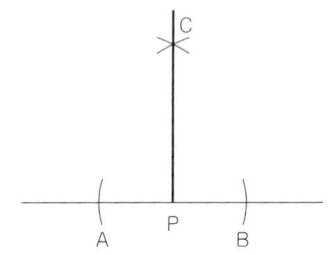

図2−3 直線上の与えられた点を通り，この直線に垂直な線を引く方法

(4) 与えられた直線の一端に垂線を立てる方法（図2−4）

① 直線ＡＢ外の任意の点Ｐを中心として，Ｂを通る円弧を描き，ＡＢとの交点をＣとする。

② Ｃ，Ｐを結んで延長し，円弧との交点Ｄを求め，ＢとＤを結べばＢＤは求める垂線である。

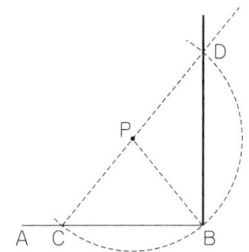

図2−4 与えられた直線の一端に垂線を立てる方法

(5) 与えられた平行線の間を，任意の数に等分する方法（図2−5，図2−6）

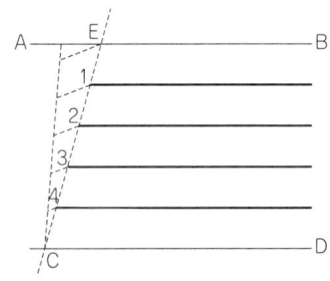

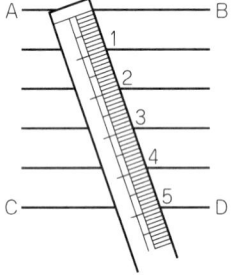

図2−5 与えられた平行線の間を任意の数に等分する方法①

図2−6 与えられた平行線の間を任意の数に等分する方法②

与えられた平行線の間を，例えば5等分する場合。

① 平行線ＡＢ，ＣＤに交わる任意の直線ＣＥを引く。

② (2)項の方法によって，直線ＣＥの5等分点を求め1，2，3，4とする。

③ 1，2，3，4を通りＡＢに平行線を引けば，これらはＡＢ，ＣＤ間を5等分する平行線である。

図2−6は，スケールを用いて，簡単に等分点を見いだすことを示したものである。

(6) 与えられた円弧の長さと等しい線分を求める方法（図2−7）

① 円弧の一端BからOBに直角に接線BDを引く。

② (1)項の方法によって，円弧の2等分点を求め，Mとする。

③ Bを中心として，BMを半径とする円を描き，ABの延長線との交点をCとする。

④ Cを中心として，CAを半径とする円弧を描き，接線との交点をDとすると，BDは求める長さの線分である。

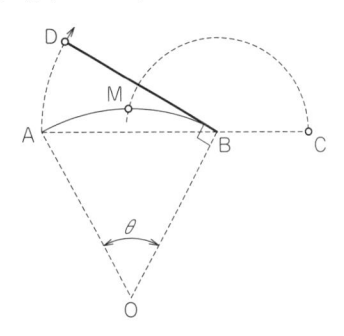

図2−7　与えられた円弧の長さと等しい線分を求める方法（近似画法）

ただし，中心角θが大きくなると，線分BDと円弧ABとの長さの差が大きくなることに注意を要する。

(7) 与えられた円の円周長さと等しい線分を求める方法

a．近似画法（図2−8（a））

① 与えられた円の直径ABの，A点を通る接線を引き，ABの3倍の長さにF点をとる。

② 円弧ABの中点Dを求め，Dから円の半径AOに等しく円弧上にC点をとる。

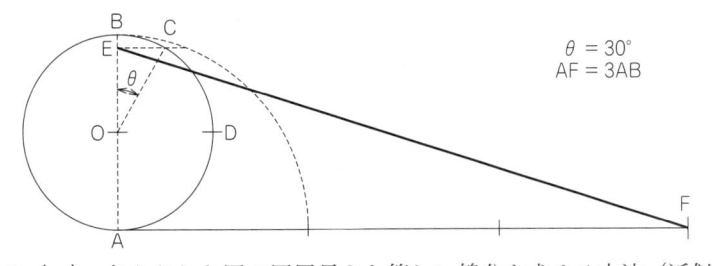

図2−8（a）　与えられた円の円周長さと等しい線分を求める方法（近似画法）

③ CからABに垂線を引き，直径ABと交わる点をEとすれば，EとFとを結んだ線EFは円周の長さに等しい。

b．円周長さを求める別法（円周長さの半分）

（図2−8（b））

① 直径ABの一端Aを通る接線を引き，中心OからAOに30°の角度で線を引いたときの接線との交点をEとする。

② Eから接線上に半径OAの3倍の長さをとり，こ

図2−8（b）　円周長さを求める別法（近似画法）

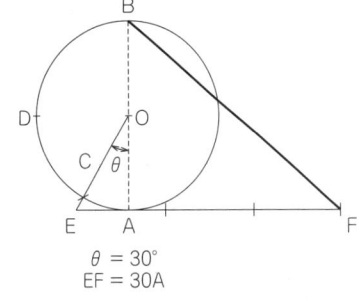

の点をFとすれば，F，Bを結んだ線は，円周長さの半分である。

注）この画法はインボリュート曲線（後述1．5）を描く場合に応用される。

（8）与えられた角を2等分する方法（図2－9）

① 与えられた角ABCのBを中心として，任意の半径で円弧を描き，AB，BCとの交点をD，Eとする。

② D及びEを中心として任意の半径で円弧を描き，その交点をFとする。

③ BFを結んだ線は，角ABCの2等分線である。

図2－9 与えられた角を2等分する方法

（9）頂角のない角を2等分する方法（図2－10）

① 直線CDの任意の点EからABに平行線EFを引く。

② Eを中心に任意の半径で円弧を描き，CE，EFとの交点をG，Hとする。

③ G，Hを中心に円弧を描き，その交点とEを結んで，延長したときのABとの交点をKとする。

④ E，Kを中心に円弧を描き，その交点をM，Nとすれば，M，Nを結んだ線は，与えられた角の2等分線である。

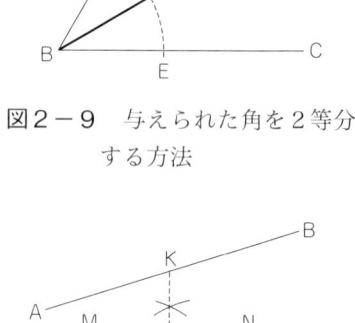

図2－10 頂角のない角を2等分する方法

（10）直角を3等分する方法（図2－11）

① 与えられた直角ABCの頂点Bを中心として任意の円弧を描き，直角の2辺と交わる点をD，Eとする。

② Dを中心として，BDの半径で円弧を描き，円弧DEと交わる点をFとする。

③ 同様に，Eを中心として交点Gを求める。

④ FとB，GとBを結ぶと，直角の3等分ができる。

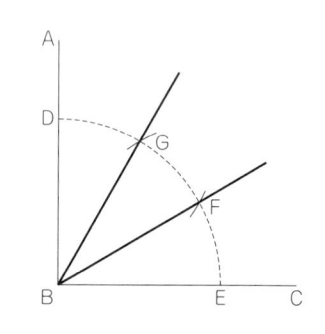

図2－11 直角を3等分する方法

（11）与えられた角を任意の数に等分する方法（図2－12）

与えられた角を，例えば5等分する場合

① 角AOBの頂点Oを中心として，任意の半径OAで円弧を描き，AOの延長線と交わる点をCとする。

② A及びCを中心として，ACの半径で円弧を描き，その交点をDとする。

③ DとBを結んだときのACとの交点をNとする。

④ ANを5等分して，その等分点を1，2，3，4とする。

⑤ Dと各等分点を結び，その延長と円弧ABとの交点をそれぞれB_1，B_2，B_3，B_4とする。

⑥ OとB_1，B_2，B_3，B_4を結んだ線は，与えられた角の5等分線である。

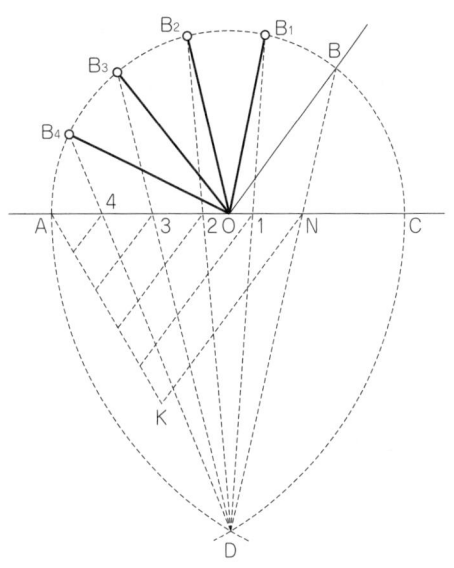

図2－12　与えられた角を任意の数に等分する方法（近似画法）

1．2　三角形と多角形に関する画法

（1）与えられた直線を一辺とする正三角形を描く方法（図2－13）

① 与えられた一辺abに等しくABをとり，A及びBを中心として，ABの半径で円弧を描き，その交点をCとする。

② A，B，Cの各点を結んだときの三角形は与えられた一辺をもつ正三角形である。

（2）与えられた円に内接する正三角形を描く方法（図2－14）

① 円Oの直径を引き，ABとする。

② B点を中心として，半径AOの長さで円弧を描き，円周との交点をC及びDとするとき，A，C，Dの各点を結んだものが正三角形である。

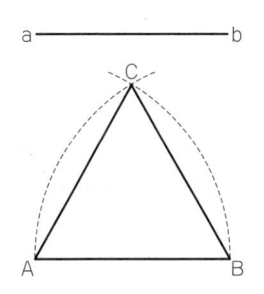

図2－13　与えられた直線を一辺とする正三角形を描く方法

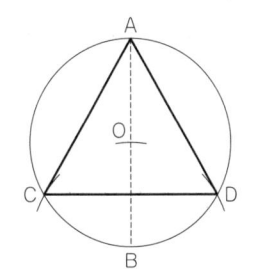

図2－14　与えられた円に内接する正三角形を描く方法

（3）与えられた円に内接する正五角形を描く方法（図2－15）

① 円Oの直径klと，これに直交する半径Oaを引く。

② 半径Ｏｋの中点ｍを求め，ｍａを半径とする円を描き，直径ｋｌとの交点をｎとする。

③ ａｎの長さは求める正五角形の一辺の長さであるから，ａを中心として円周を切りｂ，ｅを求める。ｂ，ｅから同じ半径の円弧で円周上にｃ，ｄを求めると正五角形ａｂｃｄｅが得られる。

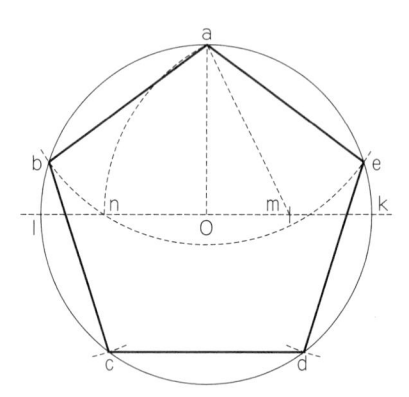

図２－１５　与えられた円に内接する正五角形を描く方法

(4) 与えられた一辺の長さをもつ正五角形を描く方法（図２－１６）

① 与えられた一辺ａｂに，ａｂの垂直２等分線ｍｎを立て，ｍｎを与えられた一辺ａｂに等しくとる。

② ａｎを結んで延長し，ａｂの半分（ａｍ）に等しくｎｋをとれば，ａｋは求める正五角形の一対角線の長さとなる。

③ ａを中心としてａｋを半径とする円弧とｍｎの延長線との交点をｄとすれば，ｄは正五角形の頂点となる。

④ ｄを中心としａｂを半径とする円弧と，ａ及びｂを中心とする同半径の円弧との交点ｅ，ｃを求めると，ａｂｃｄｅは求める正五角形である。

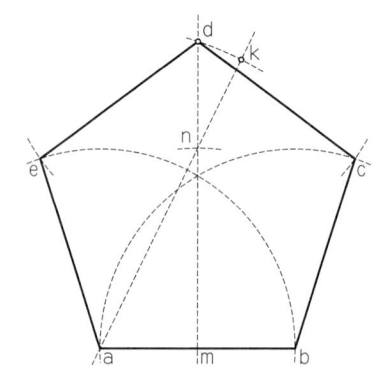

図２－１６　与えられた一辺の長さをもつ正五角形を描く方法

(5) 与えられた一辺の長さをもつ正多角形を描く方法（図２－１７）

与えられた一辺をａｂとする正七角形を描く場合

① ｂを中心として，半径ａｂとする半円を描き，ａｂの延長線との交点をｋとする。

② ａ及びｋを中心に，半径ａｋとする円弧を描き，その交点をｍとする。

③ 直線ａｋを７等分（ｎ角形のときはｎ等

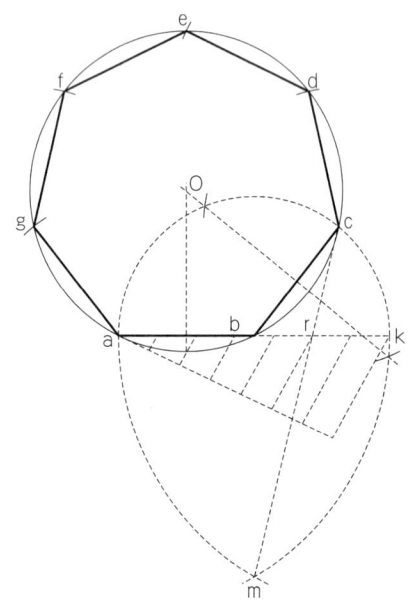

図２－１７　与えられた一辺の長さをもつ正多角形を描く（近似画法）

分)して，kから2番目の点rを求める。
④ mrの延長線と先に描いた半円との交点をcとする。
⑤ ab，bcのおのおのの垂直2等分線を引き，その交点Oを求め，Oaを半径とする円を描く。
⑥ 円Oの円周を，abの長さで順に切り取ったときに得られるa，b，c，d，e，f，gの各点を結べば求める正七角形である。

1．3　円と楕円に関する画法

(1) 与えられた角に内接する決められた半径(r)をもつ円を描く方法
① 与えられた角ABCの2等分線BDを引く。
② BCに平行に，rの距離に平行線PQを引き，BDと交わる点Oを求める。
③ Oは求める円の中心である(図2－18(a))。

また，次のようにしても求めることができる。

角を挟む2辺AB及びBCに，それぞれrの距離にある2本の平行線を引き，その交点をOとする。Oは求める円の中心である(図2－18(b))。

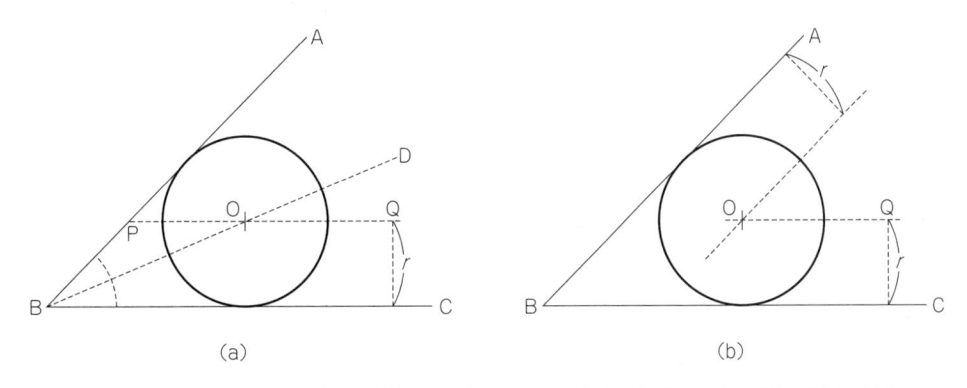

図2－18　与えられた角に内接する決められた半径(r)をもつ円を描く方法

(2) 与えられた3点を通る円を描く方法(図2－19)
① 与えられた3点A，B，Cを結ぶ。
② AB，BCの垂直2等分線を引き，その交点をOとする。
③ Oを中心として，OAを半径とする円を描けば求める円である。

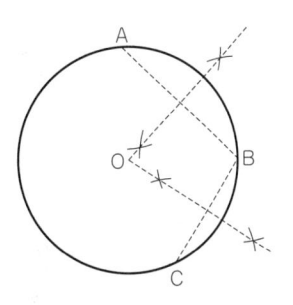

図2－19　与えられた3点を通る円を描く方法

(3) 二つの与えられた円に外接する，与えられた半径（r）の円を描く方法（図2-20）

① 与えられた円O_1，O_2の中心を結び，円周との交点をA及びBとする。

② 図のように，$AC = BD = r$となるよう点C，Dを定める。

③ O_1を中心にO_1Cの半径で円弧を描き，O_2を中心にO_2Dの半径で円弧を描き，その交点をOとする。

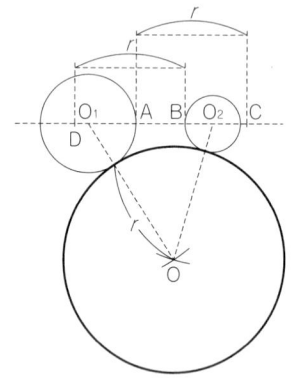

④ Oを中心にrの半径で円を描けば，この円はO_1，O_2の二つの円に外接する。

図2-20 二つの与えられた円に外接する，与えられた半径（r）の円を描く方法

(4) 楕円の描き方

a．長軸と焦点が与えられた楕円の描き方（図2-21）

定規の上に焦点F_1，F_2を決める。長軸ABと等しい長さの糸をその点に止めて，糸を引っぱったまま鉛筆を動かすと楕円が描ける。これは，「楕円は焦点F_1，F_2からの距離の和が，常に一定である点Pの軌跡である」ということを用いたものである。

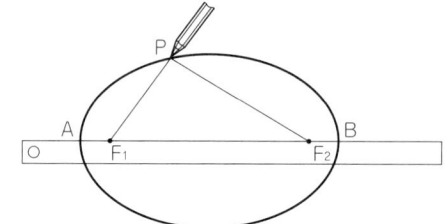

糸の長さ $F_1P + F_2P = AB$

図2-21 長軸と焦点が与えられた楕円の描き方

b．長軸と短軸が与えられたときの楕円の描き方（図2-22）

① Oを中心として，OAを半径とする円とOBを半径とする円を描く。

② Oを通る任意の直径OP_1を引き，二つの円の交点をそれぞれP_1，R_1とする。

③ P_1からBB_1に平行線を引き，R_1からAA_1に平行線を引いて，その交点をQ_1とすれば，Q_1は求める楕円上の点となる。

したがって，円Oを任意の数nに等分（図は12等分）して，円周上の等分点から作図を繰り返し，Q_1，Q_2，…，Q_nの点を求める。

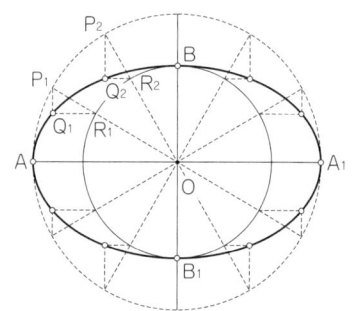

図2-22 長軸と短軸が与えられたときの楕円の描き方

これらの点を，滑らかな曲線で結んだものが求める楕円である。

1．4　サイクロイド曲線の描き方

　一つの円が直線上を滑ることなく転がるとき，その円周上の一点が描く軌跡をサイクロイド曲線という。

　また，一つの円が，他の円の外側又は内側を滑ることなく転がるとき，転がり円上の1点が描く曲線を外転サイクロイド曲線（エピサイクロイド曲線），及び内転サイクロイド曲線（ハイポサイクロイド曲線）という。

　サイクロイド曲線の描き方を，図2－23に示す。

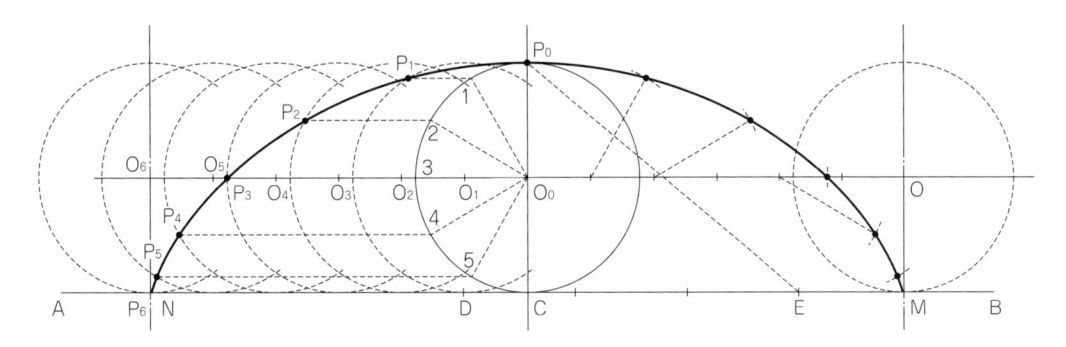

図2－23　サイクロイド曲線の描き方（近似画法）

① 直線ABと，これに接する転がり円O_0を描く。
② 図2－8（b）の方法で，転がり円の半円周長さEP_0を求める。
③ 直線上のC点からEP_0に等しくN及びM点をとれば，NMは転がり円の円周長さとなる。
④ O_0からABに平行線を引き，Nからの垂線との交点をO_6とする。
⑤ 円周をn等分（図では半円周を6等分）して1，2，3，…，nとし，O_0O_6を同じく6等分してO_1，O_2，…，O_6とする。
⑥ O_1，O_2，…を中心にして，転がり円の半径で円を描き，また，円周の等分点からABに平行線を引き，それぞれ対応する交点P_1，P_2，…，Pnを求める。
⑦ P_1，P_2，…，Pnの各点を滑らかな線で結んだものが，求めるサイクロイド曲線である。転がり円を右に転がしたときのP_0Mも同様にして得られる。

　図2－24は，転がり円O_1，O_2の外転サイクロイド曲線及び内転サイクロイド曲線の画法を示したものである。

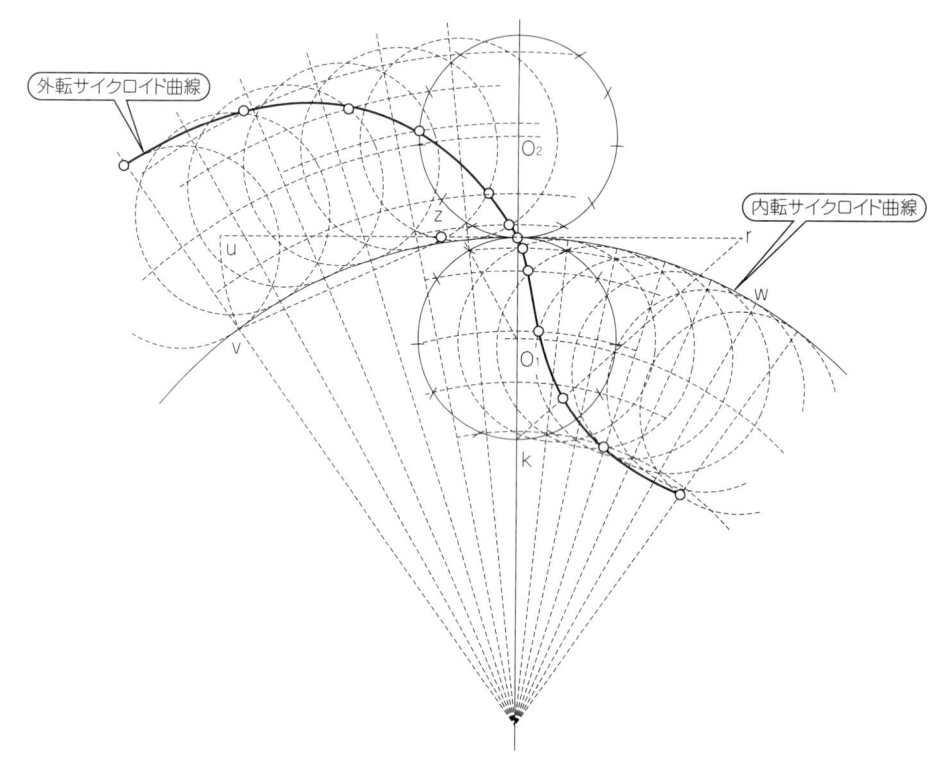

図2−24 外転及び内転サイクロイド曲線の画法

1．5　インボリュート曲線の描き方

図2−25に示すように，円周上に巻き付けられた糸を緩めずにほどいていくとき，糸の一端が描く曲線P_0，P_1，…，P_5をインボリュート曲線という。

インボリュート曲線の作図は，次のようにする（図2−26）。

① 図2−8（b）の方法によって，円Oの半円周の長さNP_0を求める。

② 直径の一端Q点から接線上に半円周の長さNP_0に等しくP_6の点を求める。

③ 円を等分（図では半円周を6等分）し，その等分数と同じくQP_6を分割する。

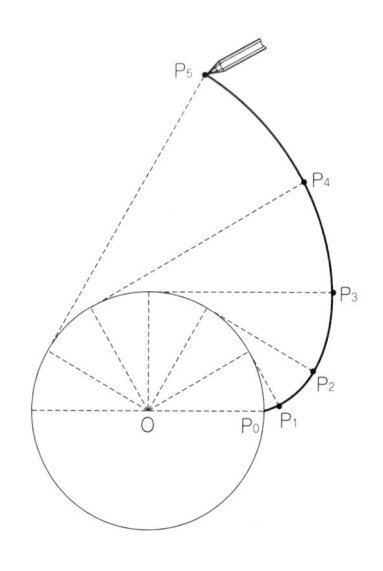

図2−25　インボリュート曲線の描き方①

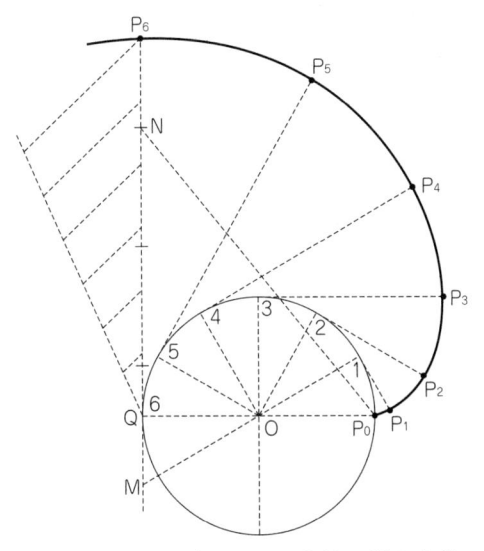

図2-26　インボリュート曲線の描き方②

④　円周上の等分点1，2，…，5からそれぞれ接線を引き，1から接線上にQP_6の$\frac{1}{6}$の長さをとり，そこをP_1とし，2から接点上にQP_6の$\frac{2}{6}$の長さをとり，そこをP_2とする。以下同様にしてP_3，P_4，P_5，の各点を定め，これを滑らかな線で結べばインボリュート曲線が得られる。

（参考）

インボリュート曲線の厳密な表現

インボリュート曲線は，歯車の歯形に広く用いられている。鋳放しで歯車をつくる場合は，木型製作のために歯形の実形を描く必要がある。

インボリュート曲線を直交座標により表すことを考えてみよう，図2-27に示すように，インボリュート曲線上に任意の点Pをとり，点Pから半径rの**基礎円**Oに接線PTを引き，2点OPを結ぶと，線分PTの長さが弧STの長さに等しいことから，

$$r \tan \alpha = r(\alpha + \beta) = r\theta \tag{2.1}$$

が成り立つ，これより，

$$\beta = \tan \alpha - \alpha \tag{2.2}$$

が得られる。この右辺の形をインボリュート関数といい，次式で定義される。

$$\mathrm{inv}\,\alpha = \tan \alpha - \alpha \tag{2.3}$$

ここで，α，β，θ はそれぞれ，**圧力角**，**インボリュート角**，**インボリュート転がり角**といい，いずれもラジアン単位で表すものとする．インボリュート関数は，α が与えられれば β を容易に計算できるが，β が与えられて α を求めるときはインボリュート関数表を用いると便利である．

点Pの座標は，PTの長さが $R\theta$ であることに注意すれば，点Tを経由することにより，

$$\begin{cases} x = r\cos\theta + r\theta\sin\theta \\ y = r\sin\theta - r\theta\cos\theta \end{cases} \therefore \begin{cases} x = r(\cos\theta + \theta\sin\theta) \\ y = r(\sin\theta - \theta\cos\theta) \end{cases} \quad (2.4)$$

と表すことができる．いま，基礎円の半径を25mmとし，0〜180°まで10°刻みに式（2.4）に代入した結果を表2-1に示す．このように，インボリュート曲線を式で表現しておくと，表計算ソフトなどを用いて厳密な点列データを容易に得ることができる．

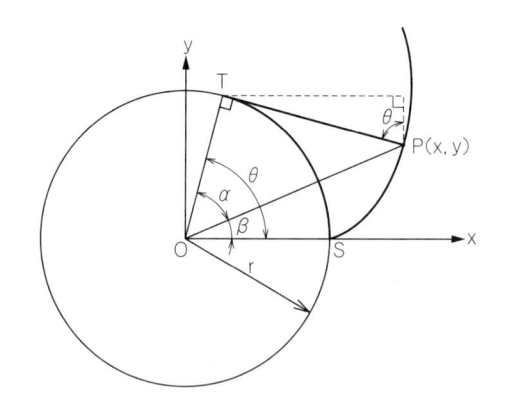

図2-27 インボリュート曲線の導出

表2-1 インボリュート曲線の点列データ

r [mm]	θ [°]	θ [rad]	x [mm]	y [mm]
25	0	0.000	25.000	0.000
25	10	0.175	25.378	0.044
25	20	0.349	26.477	0.350
25	30	0.524	28.196	1.164
25	40	0.698	30.370	2.700
25	50	0.873	32.782	5.128
25	60	1.047	35.172	8.561
25	70	1.222	37.252	13.046
25	80	1.396	38.717	18.559
25	90	1.571	39.270	25.000
25	100	1.745	38.629	32.197
25	110	1.920	36.552	39.908
25	120	2.094	32.845	47.831
25	130	2.269	27.383	55.612
25	140	2.443	20.115	62.865
25	150	2.618	11.074	69.181
25	160	2.793	0.385	74.153
25	170	2.967	−11.740	77.391
25	180	3.142	−25.000	78.540

第2章の学習のまとめ

図形を描く道具としてＣＡＤを利用することが多くなった。

しかし，図形の見方や表し方を正しく理解するためには，平面画法の習得が必要とされる。

【 練 習 問 題 】

次の各問に答えなさい。
（１） 100mmの直線を，７等分しなさい。
（２） 130mm離れている平行線の間を，７等分しなさい。
（３） 110°の角ＡＯＢを，５等分しなさい。
（４） 30mmの一辺をもつ正七角形を描きなさい。
（５） 長軸120mm，短軸70mmの楕円を描きなさい。

第3章　機械図面の表示法

　図形は，対象物の形状，位置，大きさにより表現される。図形に対する寸法記入は，求められる品物を正確に製作し，作業能率を向上させる重要な要素である。
　機械製図に関する日本工業規格（JIS）を理解し，判断し，表現することを身に付ける必要がある。

第1節　図形の表示法

1．1　投　影　法

　投影法には，いろいろな種類がある。それらの中で，工業の各分野の製図に用いる主な投影法の種類を表3－1に示す。

表3－1　投影法の種類

投影法の種類		用いる図の種類	特　　徴	主な用途
正投影		正 投 影 図	形状を正確に表せる。	一般の図面
軸測投影	等角投影	等角投影図	一つの図で，例えば，立方体の三面を同じ程度に表せる。	説明用の図面
	斜投影	キャビネット図	一つの図で，例えば，立方体の三面のうちの一面だけを正確に表せる。	

（1）正　投　影

　立体的な品物を平面上に図形として表す場合，その形や大きさを最も正確に表すことができるのが正投影法である。
　正投影法には第三角法と第一角法がある。
　図面を描くときは，投影図は第三角法による。
　ここでは，両者の特徴を知るとともに，特に，第三角法について理解を深めることが大切である。
　第三角法と第一角法には，次のような違いがある。
　第三角法は，ガラスで囲った箱を考え，その中に置いた品物を外側から見て，そのとき見える形をそのままガラス面に描いたものである。つまり，投影面は，目と品物との間にあって，見たままの姿が図形として表される。これは，後述する局部投影や補助投影などにも便利なことが分かる。

製図の基礎

　これに対して第一角法は，品物を壁（投影面）の前に置いて，そのとき見える形を，品物を通り越して裏側の投影面に描くものである。

　図3－1の見取図の品物を第三角法で投影する場合は，図3－2(a)のように品物をガラス箱の中に置いて，そのまま見える形をガラス面に描く。これを図(b)のA面を基準にして矢印の方向に箱を展開すると，投影図は図(c)のように表される。

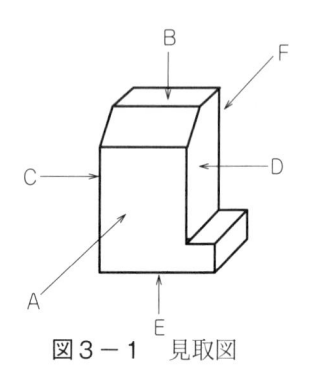

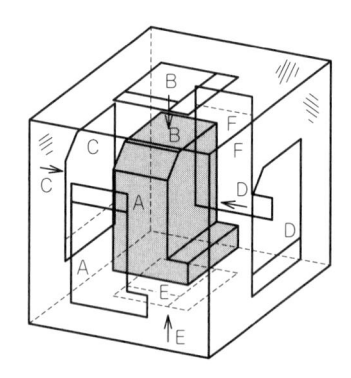

図3－1　見取図

(a) ガラスの箱の中に品物を置き，それぞれの面に見える形を描く

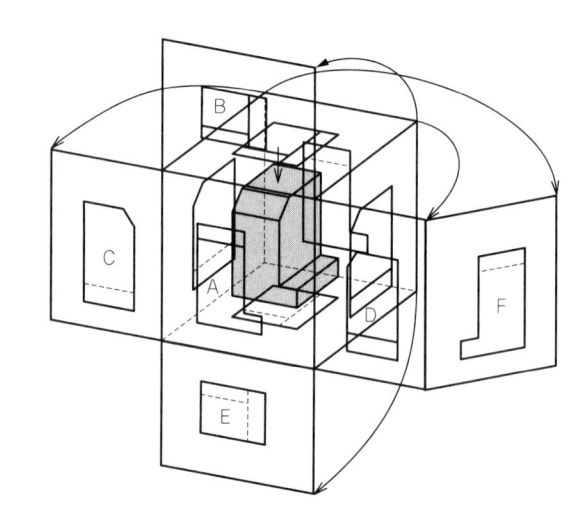

(b) 正面の図Aを基準にして，各面を矢印のように手前側に開く

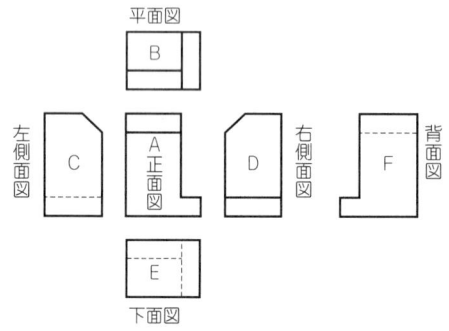

(c) 第三角法による投影図の配置

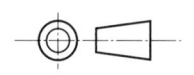

(d) 第三角法の記号を表題欄又はその近くに示す

図3－2　第三角法による投影

一方，同じ品物を第一角法で描く場合は，図3－3(a)のように品物を壁（投影面）の前に置いて，外側から光線を当てて，それぞれ後方の面に投影する。これを図(b)のように展開すると，投影図は図(c)のように表される。

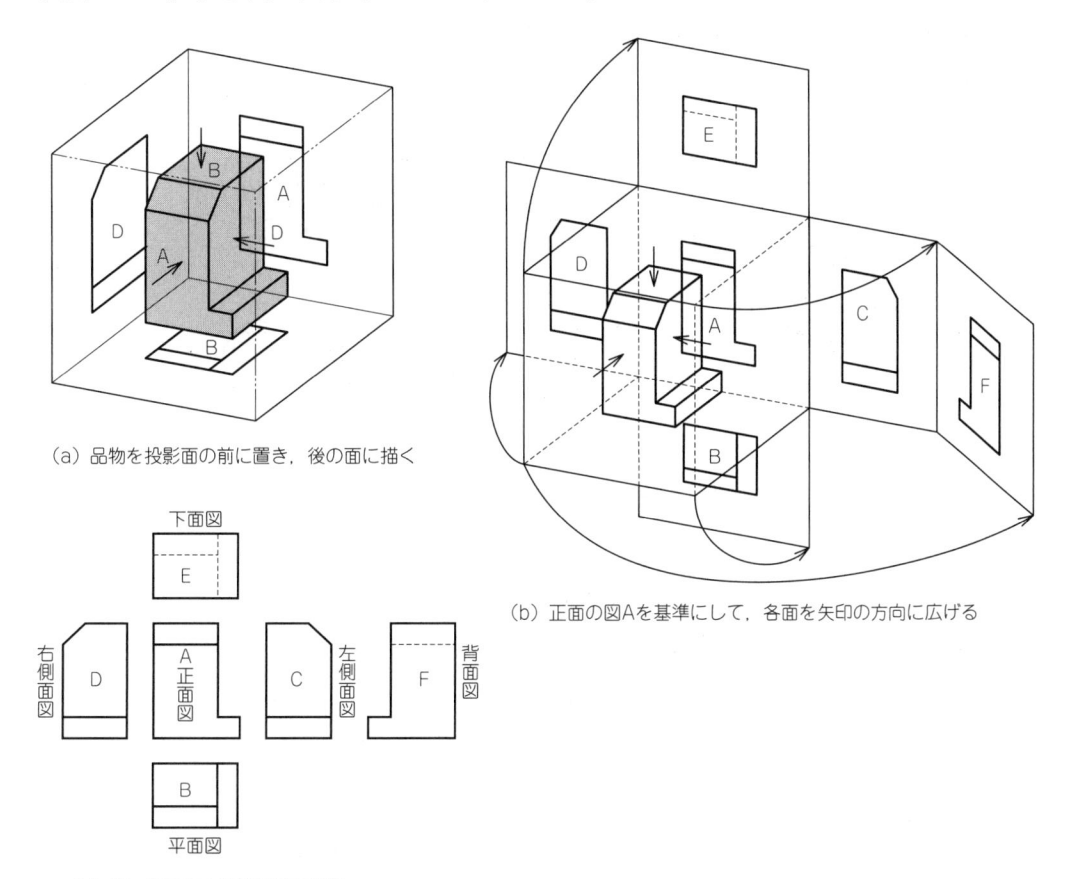

(a) 品物を投影面の前に置き，後の面に描く

(b) 正面の図Aを基準にして，各面を矢印の方向に広げる

(c) 第一角法による投影図の配置

図3－3　第一角法による投影

投影された正面図は，第三角法も第一角法も同じ形で表されているが，側面図，平面図の配置に違いがあることが分かる。

正投影図の図面では，第一角法よりも第三角法を主体とするのは，次のような利点があるからである。

① 図面から直ちに品物の形が分かる。

　　品物を展開した場合と同じであるから，実物を理解しやすい。

② 図面が見やすい。

　　図を描いたり読図をしたりする場合，図がすぐ隣りにあるから，描きやすく，また見やすい。

③ 製作上誤りが少ない。

寸法を記入するとき，関連した図形がすぐ隣りにあって，寸法を入れるときも関連して記入できるから，寸法の誤りが少なく作業する場合も見誤りがない。

④ 補助投影図，局部投影図を描くのに便利である。

図3－4は，図面の見やすさについて，明らかに第三角法が優れている一例である。

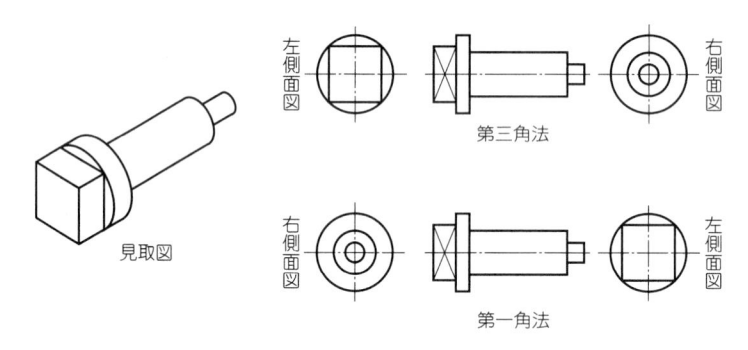

図3－4 第三角法と第一角法の比較

（2）等角投影

サイコロのような立方体を正投影法で投影すると，正面図，側面図，平面図とも，すべて正方形となって表されることになる。

その立方体を，図3－5のように，投影面とある角度にして投影すると，立方体の三面が同時に同程度に見える立体的な図形として表すことができる。このような図を等角図という。

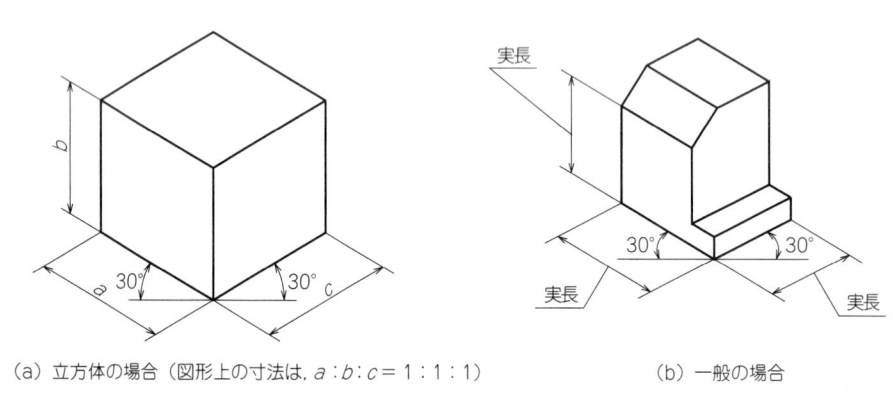

(a) 立方体の場合（図形上の寸法は，$a:b:c = 1:1:1$）　　(b) 一般の場合

図3－5 等角図

（3）斜投影

斜投影法は，品物の形を表す主となる面を正投影の正面図と同じように描き，それに奥行きをもたせて立体感を表したものである。

第3章　機械図面の表示法

　主投影図は，実形がそのまま実長で図示される。奥行きを表す投影線は，傾き角によって，投影図の奥行きと品物の実際の奥行きとの比が決まる。45°の投影線を用いて，各辺の比を図3－6(a)の比率に決めて，これをキャビネット図としている。

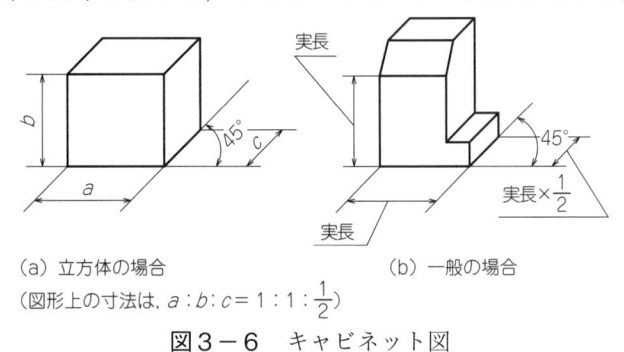

(a) 立方体の場合
（図形上の寸法は，$a:b:c = 1:1:\frac{1}{2}$）

(b) 一般の場合

図3－6　キャビネット図

1．2　正投影法による図形の表し方
(1) 主投影面の選び方

　図面は見やすく，しかも正確に描かれていなければならない。そのためには，その品物の特徴を最もよく表す面を選んで主投影図又は正面図（正投影で説明した正面図と同じ）とする。主投影図の選び方の良し悪しによって，良い図面か悪い図面かが決まる。

　図3－7は主投影図の選び方の例を示したものである。ここで，人の顔は正面から見た図が最も分かりやすい。しかし，馬は正面から見るのではなく，側面から見た図が最もよくその姿を表しているし，また，亀の場合は上面から見た図が最もよくその姿を表している。同様に車や船は側面，飛行機は上面から見た図がよい。

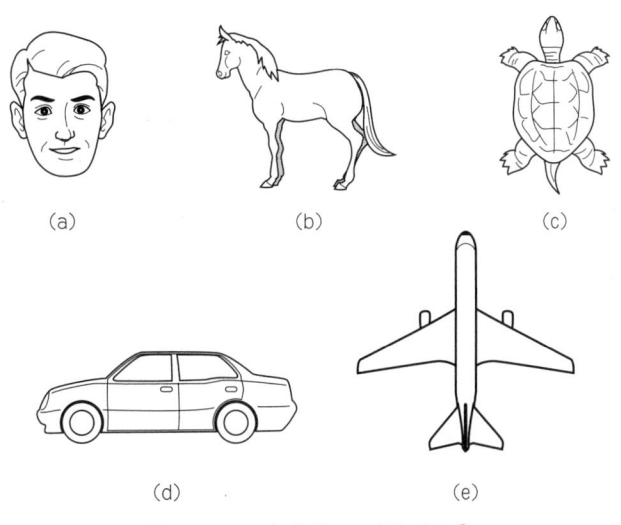

(a)　　　(b)　　　(c)

(d)　　　(e)

図3－7　主投影図の選び方①

43

製図では，言葉の上での正面や上面ではなく，それぞれの特徴をよくとらえた面を主投影図として描き，その主投影図を中心として側面図や平面図を配置する。

図面を作成するときは，製図能率の上からも，読図者に分かりやすくするためにも，図の数はなるべく少なくする。

主投影図を補足する他の投影図は，できるだけ少なくし，主投影図だけで表せるものに対しては，他の投影図は描かない。

図3－8は主投影図の選び方の例を示したもので，図（a）の歯車では歯切りをする前の歯車素材を主投影図とする。これは，歯車を形成する主要寸法は旋削によって削り出されるからである。

図（b）のパッキン押さえは，輪郭の形状を示すために，主投影図に加えて側面図が必要となる。また，図（c），（d）のピンやブシュは，64ページの表3－2の直径記号φを付記することによって，側面図がいらなくなることを示している。

局部投影図

歯車の主投影図
(a)

パッキン押さえの主投影図　側面図
(b)

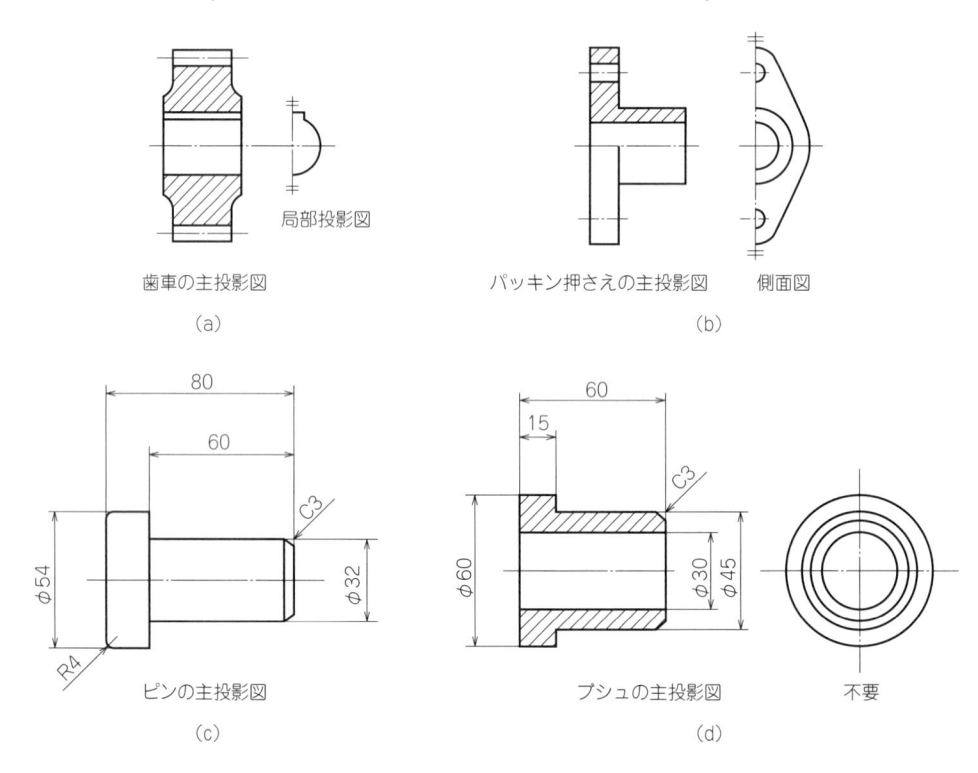

ピンの主投影図
(c)

ブシュの主投影図　不要
(d)

図3－8　主投影図の選び方②

（2）補助となる投影図の図示法

a．補助投影図

一部が傾斜した面をもつ品物を正投影図として描くと，図形が描きにくいばかりでなく，

見にくくなる。これを図3-9に示すように，斜面に直角な方向から見た図を，その対向位置に描くと，傾斜した部分の実形がはっきり現れ，見やすくなる。このような図示を補助投影図という。

紙面の関係などで，補助投影図を斜面に対向する位置に配置できない場合には，矢示法を用いて示し，その旨を矢印及び英字の大文字で示す（図3-10(a)）。ただし図(b)に示すように，折り曲げた中心線で結び，投影関係を示してもよい。

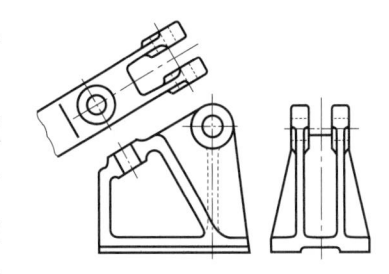

図3-9 補助投影図

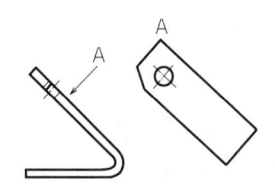

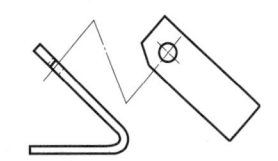

（a）矢示法による場合　　（b）折り曲げた中心線による位置関係

図3-10 補助投影図の例

b．部分投影図

図の一部を示すだけで，その形が理解されるような場合は，必要な部分だけを表せばよい。製図の手間も省け，図形もすっきりする（図3-11）。この場合，省略した部分との境界は破断線で示すが，省いたことが明確な場合は，破断線を省略してもよい。

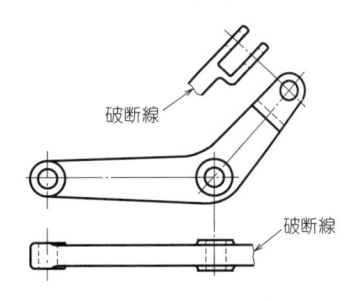

図3-11 部分投影図の例

c．局部投影図

図3-12の長円の穴やキー溝は，主投影図だけではその形が分からない。しかし，全体の側面図や平面図を描く必要もなく，部分的に表した方が分かりやすい。このようなときには，図3-12に示すように，その部分だけ引き出して表す。これを局部投影という。

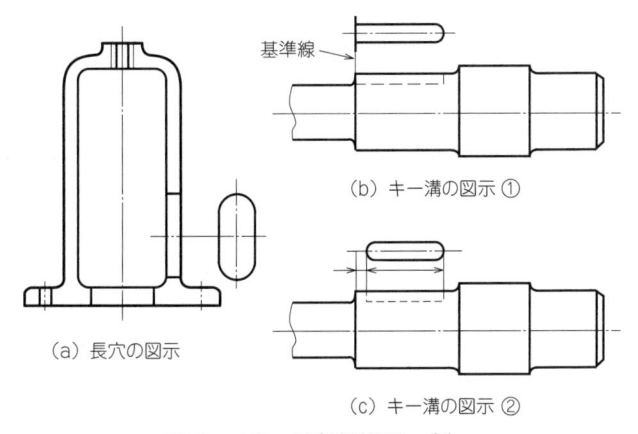

（a）長穴の図示

（b）キー溝の図示 ①

（c）キー溝の図示 ②

図3-12 局部投影図の例

局部投影図は，投影関係を示すために，主となる図に中心線，基準線，寸法補助線などで結ぶ。

d．回転投影図

ボスからある角度で腕が出ているような対象物は，投影面にある角度をもっているために，その実形が表れない。このようなとき，その部分を回転して図示することができる（図3－13（a））。

見誤るおそれのある場合には，作図に用いた線を残す（図3－13（b））。

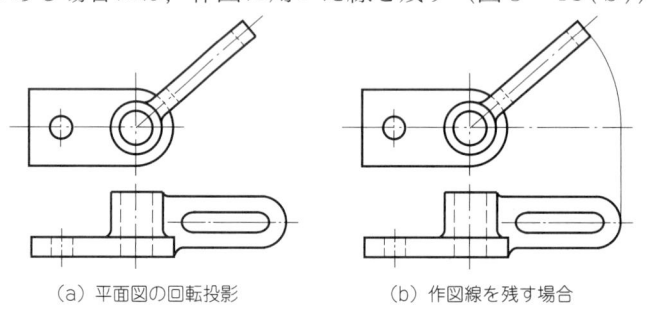

（a）平面図の回転投影　　　（b）作図線を残す場合

図3－13　回転投影図の例

e．部分拡大図

図形の一部が小さくて，その部分の詳細な図示や寸法記入ができないときは，部分拡大図として表す。

部分拡大図を描くときは，その部分を細い実線で囲み，英字の大文字などで表示をする。その表示した部分を別のところに拡大して描き，表示の文字と尺度を記入すればよい（図3－14）。

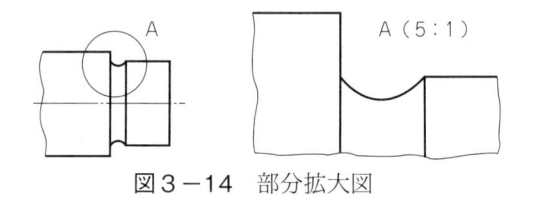

図3－14　部分拡大図

（3）慣用図の図示法

a．面と面が交わる部分の図示法

丸みをもつ面が交わるような場合は，次のような規定がある。

二つの面の交わり部に丸みをもつ場合，対応する図にこの丸みの部分を表す必要があるときは，図3－15（a），（b）に示すように交わり部に丸みをもたない場合の交線の位置に，太い実線で表す。

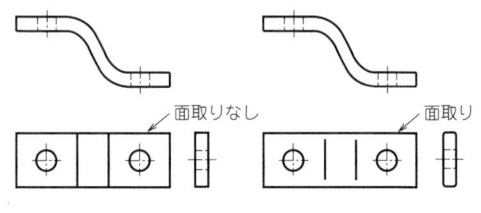

（a）面取りのない場合　　（b）面取りをしてある場合

図3－15　面と面が交わる部分の図示法

この場合，図（a）に示すように，外形の輪郭線と結んだものと，図（b）のように実線の両端にすきまをあけたものとがある。

これは，品物の断面形状が角ばっているか，丸みをもっているかを区別するのに役立つといえるが，その部分に段差があることを示す意味の方が強く，その使い分けをはっきり区別しているものではない。

b．平面の図示法

品物の一部が平面であって，図形だけではその平面部分が分かりにくいときには，図3－16に示すように細い実線による対角線によってそれが平面であることを示す。

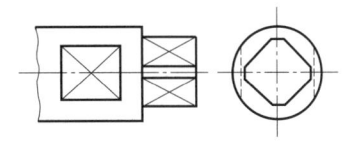

図3－16　平面部分の図示法

c．円柱の相貫線の図示法

円柱や円筒などの立体が，他の立体と交わった場合は，その交わり面に相貫線がでてくる。その相貫線は図学的には特殊な曲線となるが，製図ではこれを簡略化して，図3－17(a)，(b)に示すように直線で示すか，図(c)に示すように正しい投影に近似させた円弧で表す。

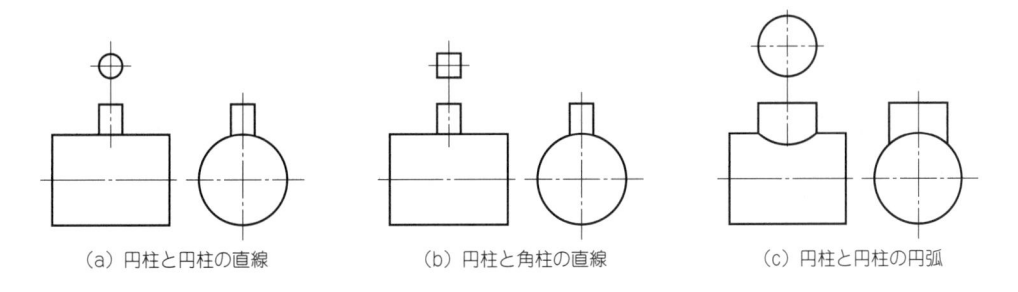

（a）円柱と円柱の直線　　　（b）円柱と角柱の直線　　　（c）円柱と円柱の円弧

図3－17　円柱の相貫線の図示法

d．ローレット，金網などの図示法

ローレット加工した部分や，金網，しま鋼板など，全面に同じ模様や形がある場合は，その外形の一部に実形に近い形で表す（図3－18）。

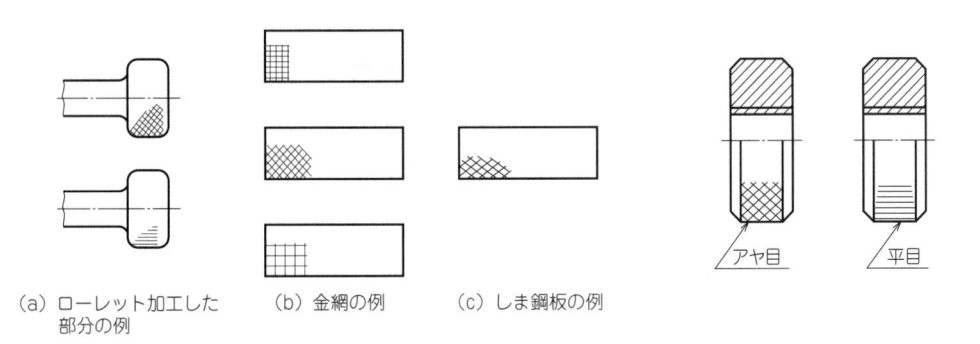

（a）ローレット加工した部分の例　　（b）金網の例　　（c）しま鋼板の例

アヤ目　　平目

図3－18　模様のある図示　　　　　図3－19　ローレット

実際の製作図に図示するとき，金網については，種類，材料，形状などを付記する。図3－19は，その記入例を示したものである。

e．非金属材料の表示法

非金属材料の中には，木材のように強さに方向性のあるものや，据付け図のようにコンクリートを明示した方が分かりやすいものがある。このように非金属材料を特に示す必要がある場合には，図3－20に示すような表示方法によることができる。

図3－20　非金属材料の断面図示法

（4）省略図の図示法

図形は品物の形を正確に表すことが大切であるが，多数のボルト穴などがある場合，これを忠実に全部描いてもあまり意味がない。また，形状のあまり変わらない長い品物では，紙面を省くために，省略した画法が用いられる。

省略図は，図面を簡素化して分かりやすくするもので，次のような図示法がある。

a．対称図形の省略

図形が対称形状の場合には，対称性を明確にし，作図の時間と紙面を省くために，次のいずれかの方法によって対称中心の片側を省略することができる。

① 図形が中心線に対して対称であるとき，図3－21(a)，(b)に示すように，中心線の片側だけの図形を描き，対称中心線の両端部には，短い2本の平行細線を付ける。

2本の平行細線を対称図示記号といい，これを付けることによって，対称図形の片側省略図であることを明確にする。

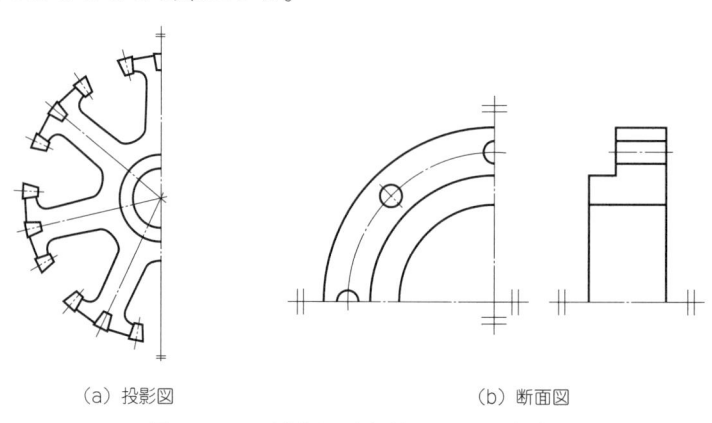

(a) 投影図　　　(b) 断面図

図3－21　対称図示記号で示した省略図

② 図3-22(a),(b)に示すように,対称図形の片側の図形を,対称中心線を少し越えた部分まで描く。このときは対称図示記号を省略してもよい。

b．繰返し図形の省略

ボルト穴や管穴など,同じ形状のものが図形の中にたくさん並ぶ場合には,作図能率の上からも読図の上からも煩わしいので,簡略化して表すことができる(図3-23,24)。

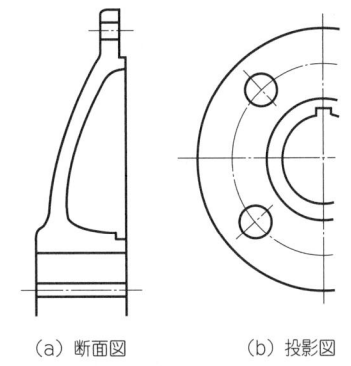

(a) 断面図　　　(b) 投影図

図3-22　対称中心線を越えて示した省略図

（a）規則正しく並ぶとき

図形が円周上や,直線上に規則正しく並んでいるときは,両端部又は要点だけを実形で示し,その他はピッチ線と中心線の交点で示す。また,要点を実形で示す代わりに図記号（太い十字など）を用いて示してもよい。

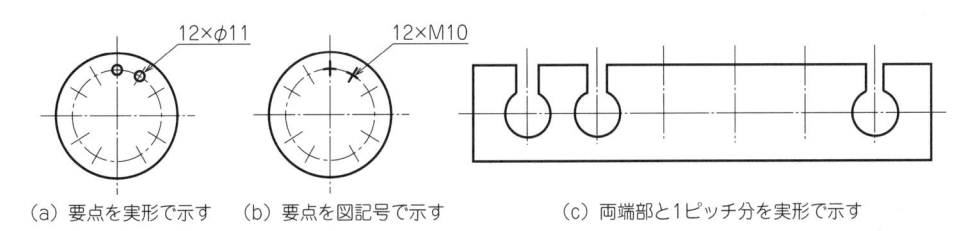

(a) 要点を実形で示す　(b) 要点を図記号で示す　(c) 両端部と1ピッチ分を実形で示す

図3-23　繰返し図形の省略図

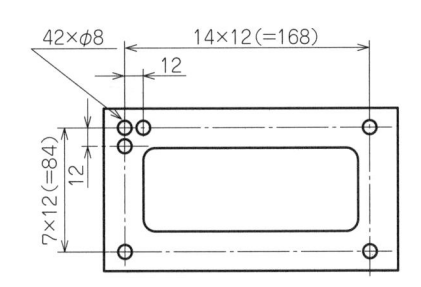

図3-24　繰返し図形を寸法で示した省略図

（b）特定位置に並ぶときの省略

同種の図形が特定の位置,例えば図3-25(a)に示すようにジグザグに規則正しく並ぶときは,両端部とこれに連なる1ピッチ分を実形で表し,その他の交点は図記号を用いて示してもよい。

また,紛らわしくない場合は,図(b)のようにその交点全部を図記号によって示してもよい。ただし,図記号だけで示す場合は,図記号が示すものの形や意味を,図の見やすい位置に注記しておくことが必要である。

(a) 要点の実形図示

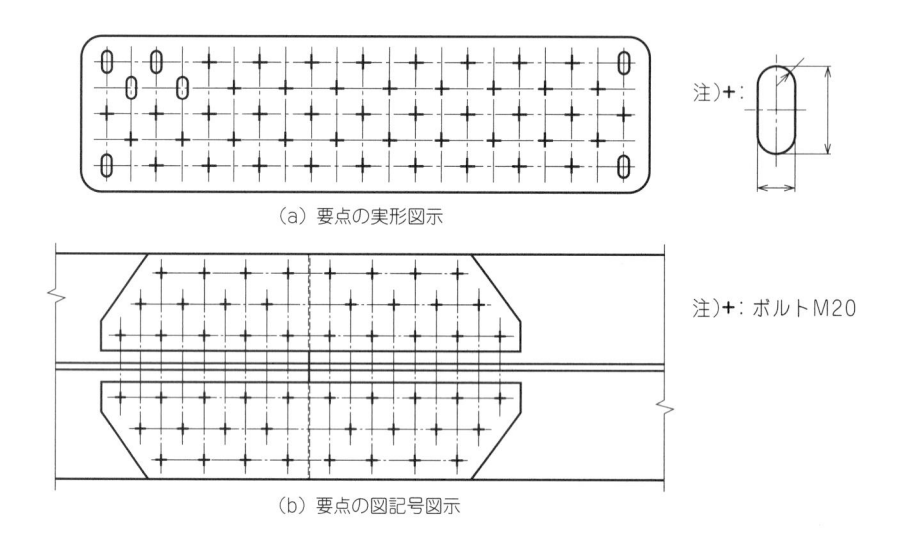

注) +：

(b) 要点の図記号図示

注) +：ボルトM20

図3-25 特定位置に規則正しく並ぶ場合の省略図

c．中間部の省略

軸や管などで断面形状が変わらないものや，ラックや親ねじのように，同じ形が規則正しく並んでいる部分は，紙面を省くために中間部分を切り取って短縮して描くことができる。

切り取ったとき，切り口は破断線（細い実線）で示すが（図3-26，図3-27），紛らわしくない場合は破断線を省略してもよい（図3-28）。

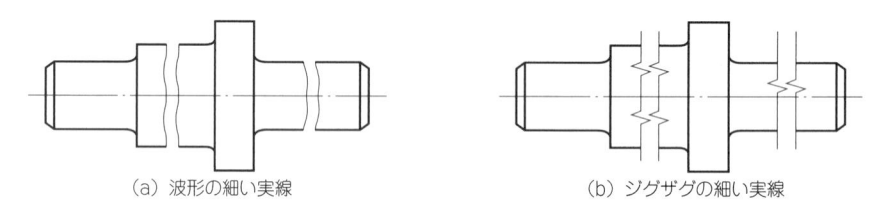

(a) 波形の細い実線　　　　(b) ジグザグの細い実線

図3-26 軸の省略図

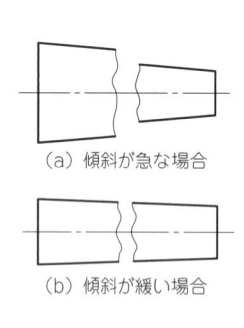

(a) 傾斜が急な場合

(b) 傾斜が緩い場合

図3-27 テーパの省略図

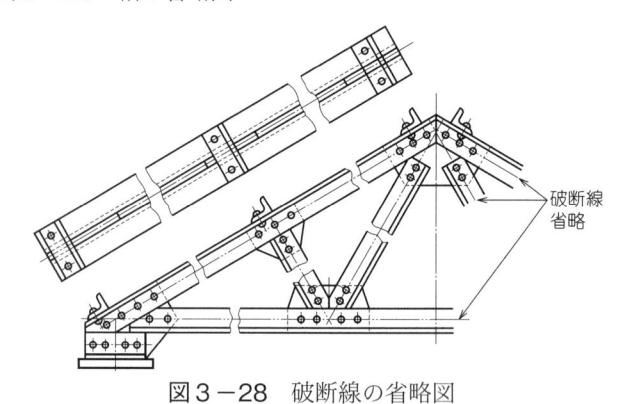

破断線省略

図3-28 破断線の省略図

第2節　断面図の表示法

2．1　断面の表し方
(1) 断面図の種類

　品物の見えない部分は，かくれ線で表すことになっている。しかし，複雑な形状をした部品では，それらを忠実に描き表すと，かくれ線の本数も多くなり，かえって図面が分かりにくくなる。このようなときに，表現したい部分が現れるように平面（特別な場合には曲面又はびょうぶのように屈折した面）で切断して，手前側を取り除いたときに見える形を図示するのが断面図である。

　切断の方法にはいろいろなやり方がある。このうち，切断した結果，隠れた部分の形状が最も分かりやすく図に現れる方法を選ぶことが大切である。

a．全断面図

　品物を一つの平面で切断し，そのとき現れた切り口の形状を断面図として表す。

　切断する位置は，その品物の基本的な形状を最もよく表す面を選ぶ。円筒形状のものでは，基本中心線（軸線を含む平面）で切断する（図3-29, 30）。このとき，「断面図」の呼び名にとらわれて図3-30(c)に示すように，切断の切り口だけを示すのは誤りで，切断面の先に見える線も描く。

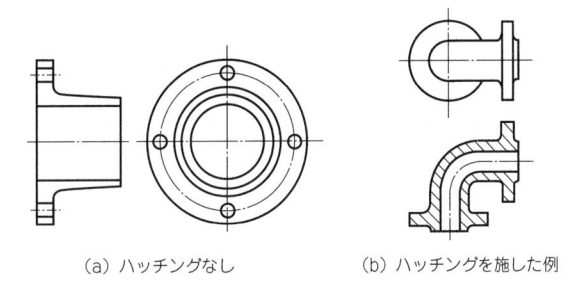

(a) ハッチングなし　　(b) ハッチングを施した例

図3-29　全断面図

(a) 軸線を含む切断面　　(b) 断面図　　(c) 切り口だけを示すのは誤り

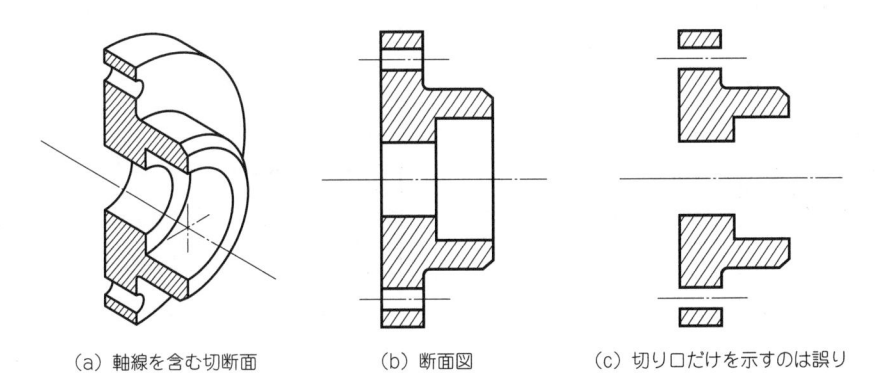

図3-30　切断面と断面図

図3-31は，ある特定の部分について全断面で表した例で，この場合は切断線によって，切断の位置を明らかにする。

b．片側断面図

品物が対称形状の場合は，その対称中心の片側だけを断面図として表し，反対側は外形図のまま表すのが片側断面図である。この方法によれば品物の外観と内部の形を同時に表すことができる（図3-32）。

図3-31　特定部分の全断面図

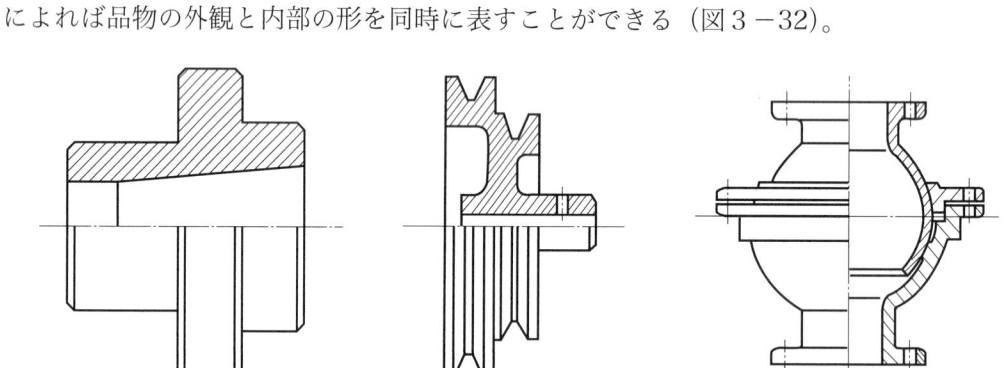

図3-32　片側断面の例

しかし，片側断面図で図示する場合は，図3-33(d)のように，かくれ線を描くことでかえって分かりにくくなるため，かくれ線を描かない方がよい。

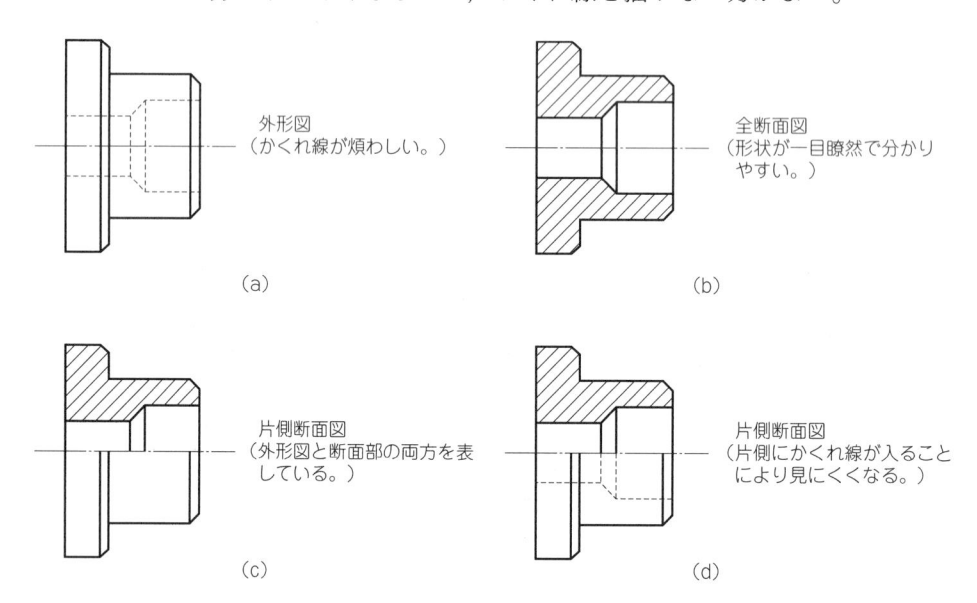

図3-33　全断面と片側断面の例

c．部分断面図

図3-34に示すように外形図の一部分だけの内側を表したいときは，必要とする箇所の一部を破って部分断面図として表すことができる。

このとき，細い実線によって破断した境界を示すが，境界線は実形の輪郭から輪郭へ通すべきで，段や継ぎ目などを表している外形線を境界としてはならない（図3-35）。

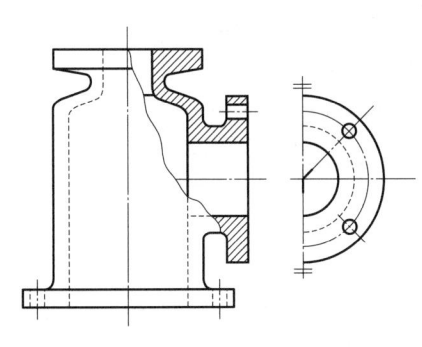

図3-34　部分断面図の例

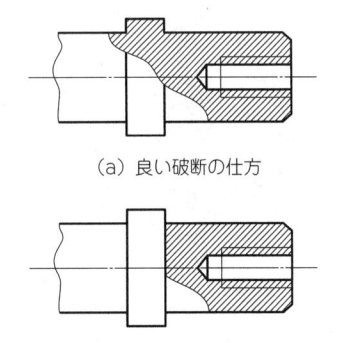

（a）良い破断の仕方

（b）悪い破断の仕方

図3-35　部分断面図の破断の仕方

d．回転図示断面図

ハンドル，車などのアーム，リブ，フック，軸，構造物の形鋼などの断面は，その位置又は切断の延長線上に，切り口を90°回転して表してもよい。

① 図3-36に示すように**途中の形状に変化のない長いもの**では，中間部を切り取って空間を設け，その位置に90°回転して外形線で示す。

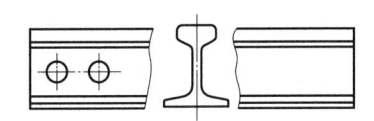

図3-36　中間部分を切断した回転図示断面図

② フックのように，**途中の形状が変化するような**ものの場合は，目的の位置に切断線を引き，その延長線上に切り口を90°回転して示す（図3-37）。

③ 図3-38(a)～(c)に示すように，中間部を切り取って空間をつくる余裕がなかったり，図形の中にそのまま描いても分かりやすかったりする場合は，図形内の切断箇所に細い実線によって断面の形状を描く。

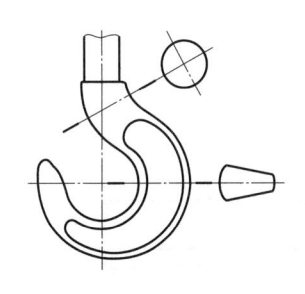

図3-37　切断線の延長線上に示した回転図示断面図

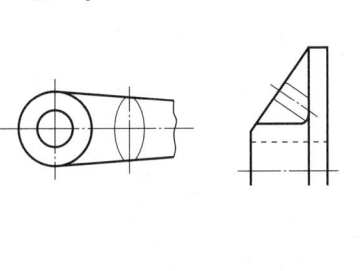

図3-38　図形内に描いた回転図示断面図

e．組合せによる断面図

断面は必ずしも一つの平面によらないで，二つ以上の平面を連続させて，びょうぶの形や階段状に切断することができる。

（a）相交わる2平面で切断する場合

図3-39　組合せ断面図

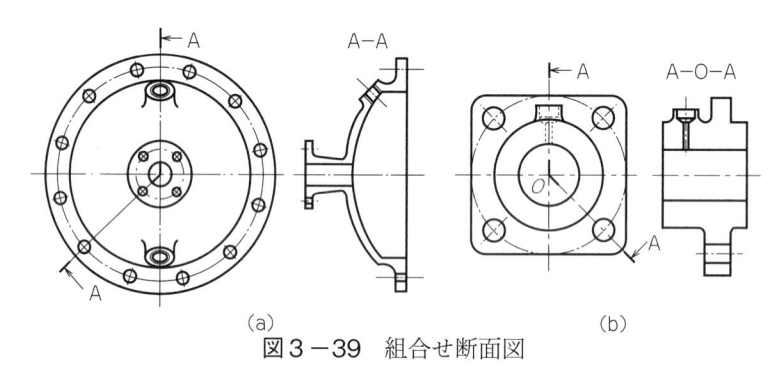

図3-39（a），（b）に示すように，対称形状又はこれに近い品物の場合は，中心線とこれにある角度をもったびょうぶ状の面で切断することができる。

この場合，屈折した部分の断面は，その角度だけ投影面のほうに回転して図示する。

（b）平行な2平面で切断する場合

図3-40（a），（b）は，ボス穴と取付け穴を示すために平行な二つの平面で切断したものである。このとき，切断線を階段状につなぎ，切断の位置を明らかにする。

ただし，切断したときの階段部にできる線は描かない（図（b））。

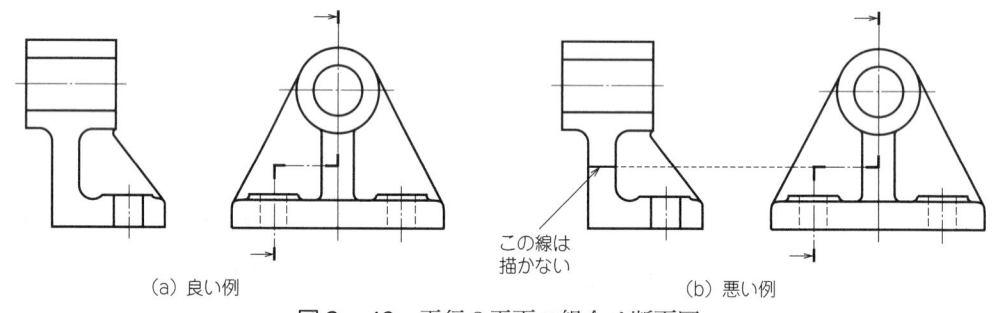

図3-40　平行2平面の組合せ断面図

（c）曲がりに沿った中心面で切断する場合

品物が曲がっていたり，うねっていたりする場合は，その曲がりの中心線に沿って切断することができる（図3-41）。

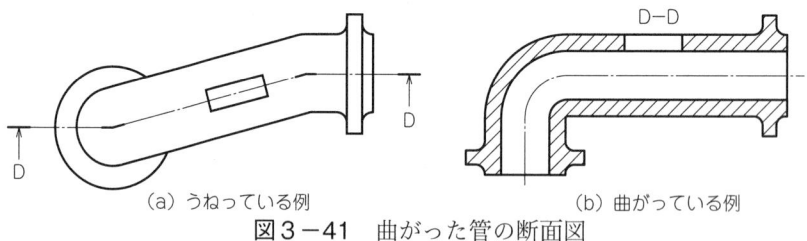

図3-41　曲がった管の断面図

（d）複雑な切断面による場合

断面で表したい部分が散在するときは，前項(a)〜(c)までの方法を組み合わせて，図3-42(a)，(b)に示すように表してもよい。

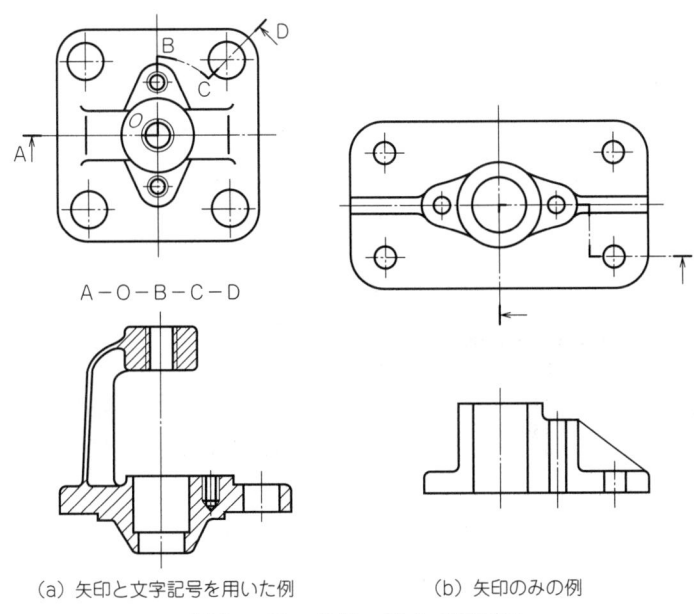

A-O-B-C-D

(a) 矢印と文字記号を用いた例　　(b) 矢印のみの例

図3-42　多数の組合せ断面図

f．一連の断面図

一連の断面図の配置は，寸法の記入と図面の理解に便利なように，切断線の延長線上か，又は中心線の延長線上に順次並べて描くのがよい（図3-43）。

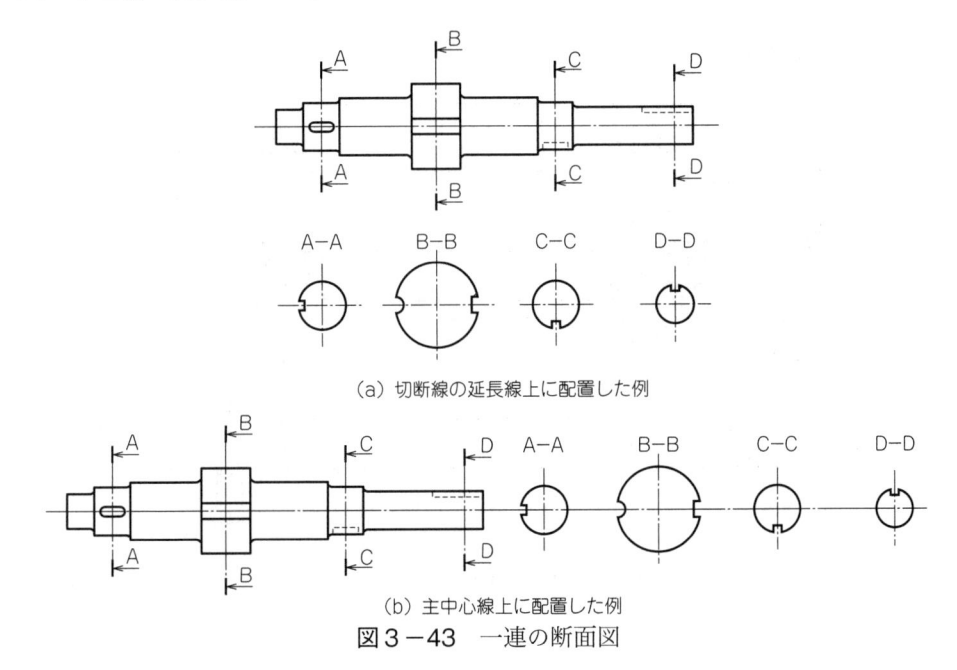

A-A　B-B　C-C　D-D

(a) 切断線の延長線上に配置した例

A-A　B-B　C-C　D-D

(b) 主中心線上に配置した例

図3-43　一連の断面図

g．薄肉部の断面図

ガスケット，薄板，形鋼などで，切り口が薄い場合には，次のようにして表すことができる。

① 図3-44(a)，(b)に示すように，断面の切り口を黒く塗りつぶす。

② 実際の寸法にかかわらず，図(c)，(d)に示すように，1本の極太の実線で示す。

なお，いずれの場合にも，これらの切り口が隣接している場合には，それを表す図形の間（他の部分を表す図形との間も含む）に，わずかなすきまをあける。ただし，このすきまは0.7mm以上とする。

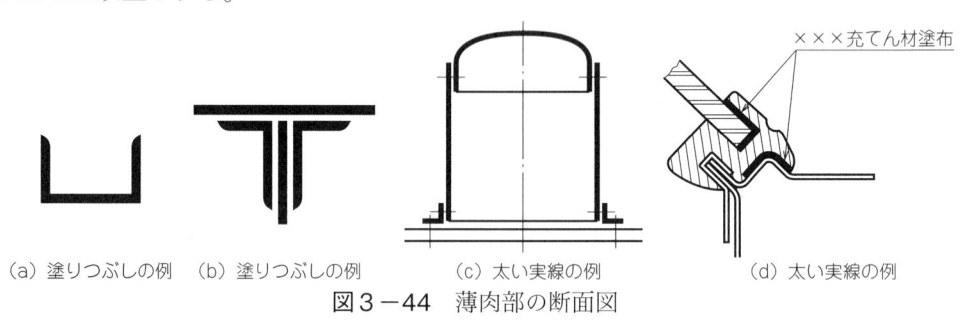

（a）塗りつぶしの例　（b）塗りつぶしの例　（c）太い実線の例　（d）太い実線の例

図3-44　薄肉部の断面図

（2）断面にしないもの

断面図を描くということは，切断した結果，図形が見えない部分の形を表すことができるときにその価値がある。軸やピンなどは，切断しても図形は変わらず，しかもかえって理解を妨げることもあるので，切断しない。

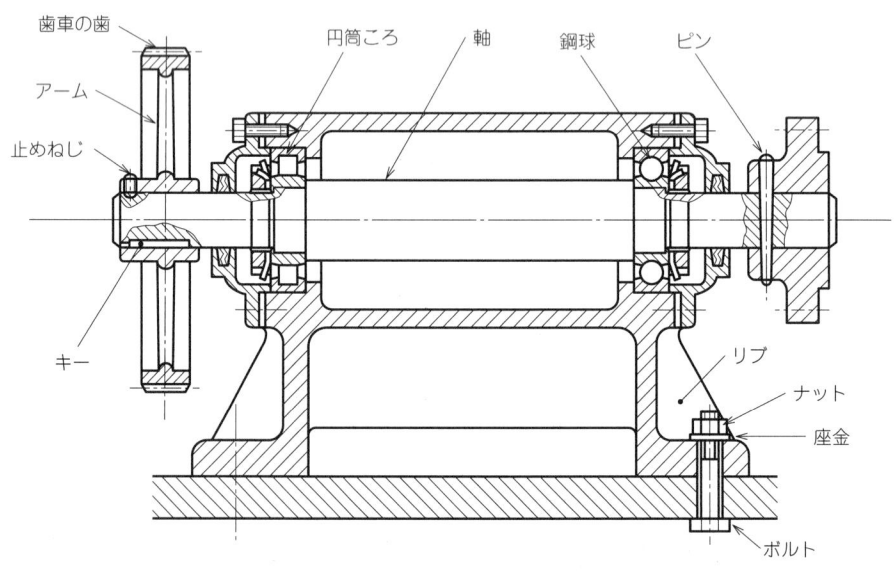

図3-45　断面にしないもの

その対象となるものには，

① 切断したために理解を妨げるもの：リブ（歯車の），アーム，歯車の歯
② 切断しても意味がないもの：軸，ピン，ボルト，小ねじ，リベット，キー，ナット，座金，鋼球，円筒ころ

などがある。

これらのものは，原則として長手方向に切断してはならない（図3－45）。図3－46は，切断してはいけないものの例を示したものである。

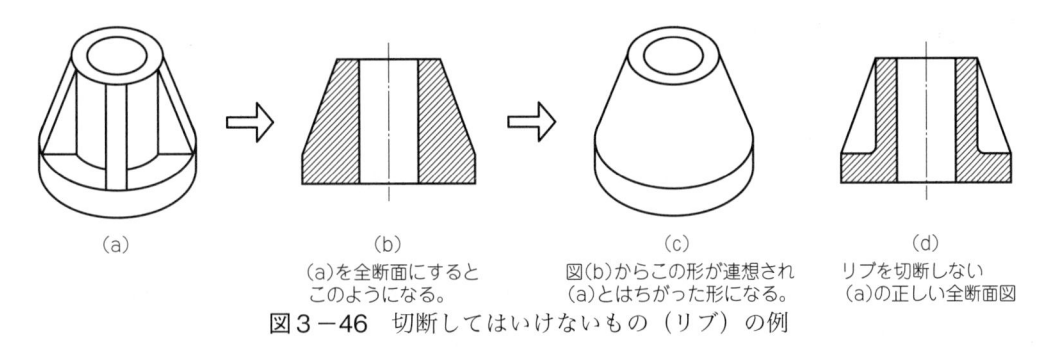

(a)
(b) (a)を全断面にするとこのようになる。
(c) 図(b)からこの形が連想され(a)とはちがった形になる。
(d) リブを切断しない(a)の正しい全断面図

図3－46 切断してはいけないもの（リブ）の例

（3）断面図示上の注意

図面は見る人にとって分かりやすいことを第一義とする。そのため品物を切断し，隠れた部分も分かりやすく表した図が断面図である。

断面図は，どれが一番よい切断箇所や切断面の位置であるかを判断して，見る人が，正確・迅速に読み取ることができるように表すことが大切である。

（4）ハッチング

品物を切断したとき，断面図にその切り口であることを示す方法にハッチングがある。ハッチングは，斜めの細い実線で描いたしま目である。ハッチングは，切断面に必ず入れなければならないものではなく，必要がある場合にこれを施すということになっている。

また，ハッチングは，次のように表示する。

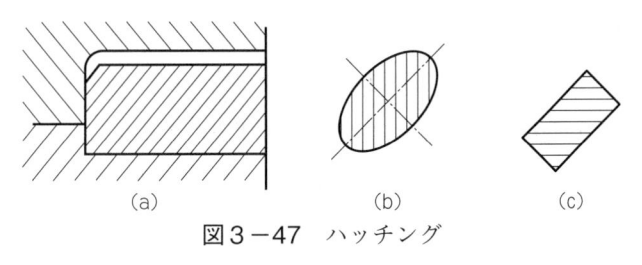

(a) (b) (c)
図3－47 ハッチング

① 単一の部品を描いた図の場合は，主となる中心線に対して45°で，細い実線を用いて等間隔に施す。線の間隔は，あまり細かいものより，多少粗い方が手数も省ける

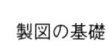

し，図も明瞭になる。
② いくつかの部品が組み合わされた状態の図の場合は，部品ごとにハッチングの向きや角度を変えるか，又は線の間隔を変えて区別する（図3－47(a)）。
③ 図形の輪郭線が45°近く傾いている図の場合は，ハッチングを45°にするとかえって紛らわしくなるので，このようなときは，縦，横，その他任意の角度に施してもよい（図(b)，(c)）。

第3節　寸法の記入法

3．1　長　　さ

図面に描かれた図形には寸法を記入するが，長さの単位はすべてミリメートルで記入し，単位記号は付けない。

また，小数点は下付きの点とし，数字を適当に離して，その中間に大きめに書くというように規定されている。これは，小数点を不用意に書くと見にくくなってしまうので，明瞭に書くように決められたものである。

一般には，数字の桁数が多くなると，3桁ごとにコンマ（,）で区別する場合があるが，図面では小数点と間違えるおそれがあるので，コンマを用いて区切らない。

数字の記入は次の例による。

　　　　（例）　125.35　　12.00　　12120

3．2　角　　度

角度は一般に度で表し，必要がある場合には，分及び秒を併用する。また，ラジアンの単位も使用可能である。

度，分，秒を表すには，数字の右肩にそれぞれ「°」，「′」，「″」を記入する。ラジアンの単位を用いるときは，「rad」の単位を記入する。

　　　　（例）　90°，22.5°，0°15′，6°21′5″，8°0′52″，0.52rad

単に15分の場合は0°15′，8度25秒の場合は8°0′25″のように，0°とか0′を入れているのは，「°」，「′」，「″」が不明瞭になった場合でも，誤りなく読み取るための配慮である。

3．3　寸法記入に用いられる線と記入法

（1）寸法記入に用いられる線

図面に記入する寸法には，①長さ寸法，②大きさ寸法，③位置寸法，④角度寸法などがある（図3－48）。

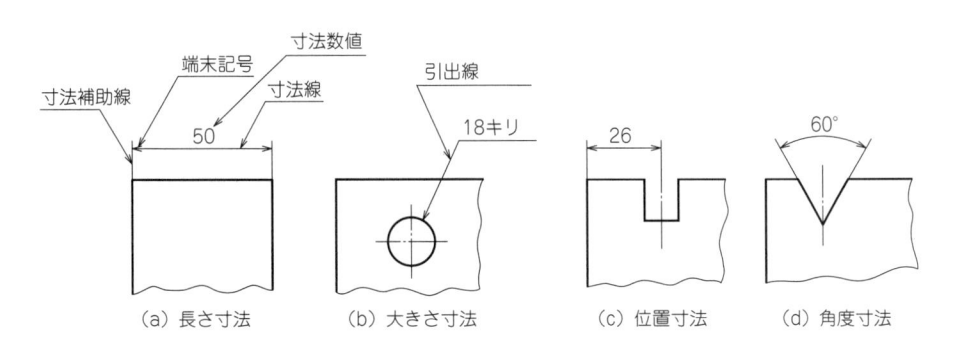

図3－48　図面に記入する寸法

これらの寸法は，寸法線，寸法補助線，引出線，端末記号，矢印及び寸法数値によって表される。

寸　法　線：寸法数値を記入して長さや位置などを表す。線の両端には矢印又は他の端末記号を付ける。

寸法補助線：指定しようとする寸法の位置を明示するために引き出された線で，原則として寸法線に直角に引く。

引　出　線：穴の寸法や，加工法，注記，照合番号などを記入するため，斜めの方向に引き出した線である。

端　末　記　号：寸法線の先端に付けて寸法限界を明示する。

寸法線の両端には矢印や黒丸，斜線を使用する。これらを総称して端末記号という（図3－49）。

矢印の矢の開き角度は15～90°でよく，また，端を開いたもの，閉じたもの，塗りつぶしたもののいずれでもよいとしている。しかし，従来30°くらいに開いた矢印が使用されていることから，差し支えない限りこれによった方がよい。

図3－49　端末記号

矢印を含め，端末記号は土木，建築，機械の各工業分野で，その目的に応じたものが使用される。ただし，1枚の図面ではもちろんのこと，1組の図面，一連の図面でも特別の場合を除き，統一して用いる。

(2) 寸法線と寸法数値

① 寸法線は，指示する長さ又は角度を測定する方向に平行に引く（図3－50）。

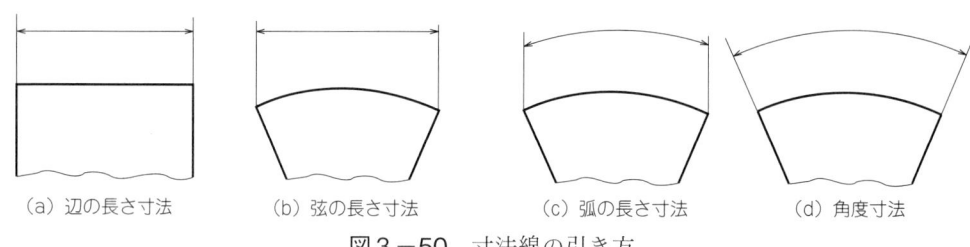

(a) 辺の長さ寸法　　(b) 弦の長さ寸法　　(c) 弧の長さ寸法　　(d) 角度寸法

図3－50　寸法線の引き方

② 寸法数値の記入には，寸法線を中断しないで記入する方法と，垂直方向の寸法線についてのみ中断する二つの方法がある。

［方法1］

ⅰ） 水平，垂直の両方向とも，寸法線は中断しないで，寸法数値は線に沿ってその上側にわずかに離して記入する。

ⅱ） 寸法数値の向きは，水平方向の寸法線に対しては上向きに，垂直方向の寸法線に対しては左向きに書く。

ⅲ） 寸法数値は寸法線のほぼ中央に書くのがよい（図3－51（a））。

［方法2］

ⅰ） 水平方向の寸法線は中断しないで，方法1のⅰ）と同じように記入する。

ⅱ） 垂直方向又は斜め方向の寸法線に対しては，寸法線を中断して，寸法数値は上向きに記入する。この場合も，寸法数値は寸法線のほぼ中央とするのがよい（図3－51（b））。

なお，この二つの方法は，同一図面内で混用してはならないし，また，一連の図面においても混用しないことが望ましい。

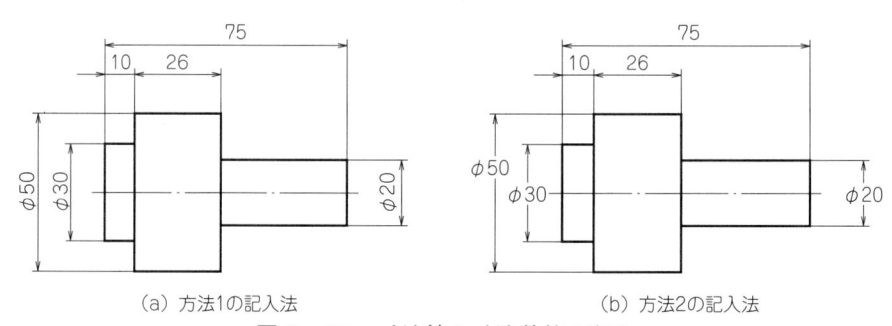

(a) 方法1の記入法　　　　　　　　(b) 方法2の記入法

図3－51　寸法線と寸法数値の記入

③ 寸法は，原則として寸法補助線を外形線の外側に引き出し，寸法線を引いて記入す

る（図3-52）。ただし，寸法補助線を引き出すと，図が紛らわしくなる場合は，図3-53に示すように図中に寸法線を直接引いて，これに寸法を記入してもよい。

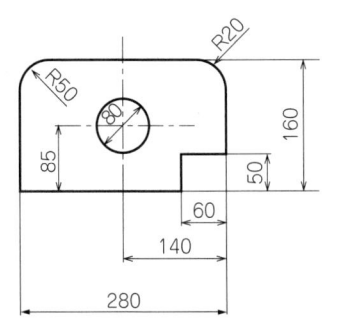

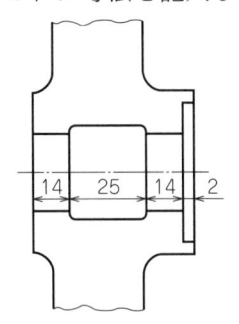

図3-52　寸法記入例　　　　図3-53　寸法補助線を用いない例

④　寸法線は，指示する箇所の寸法を明瞭に表す線であるから，中心線，外形線，基準線などを代用したり，兼用したりしてはならない（図3-54）。

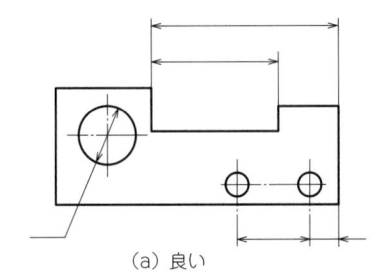

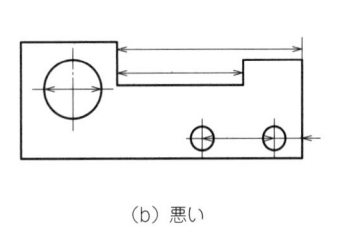

図3-54　寸法線と他の線の兼用をしてはならない例

⑤　段差がある形体間の寸法記入は，次のいずれかによる。

1）形体間に対して直列寸法を指示する（図3-55）。

2）累進寸法記入方法によって，一方の形体側に起点記号を，他方の形体側に矢印を指示する（図3-56）。

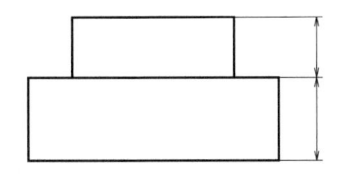

図3-55　直列寸法の指示例　　　　図3-56　累進寸法の指示例

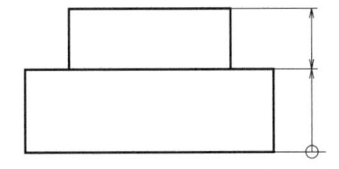

（3）寸法補助線

寸法補助線は，指示する寸法の端から引き出す細い実線で，寸法線に直角に引き，寸法線をわずかに越えるまで延長する（図3-57(a)）。また，図形の線と寸法補助線の関係を明瞭にするために，図形からわずかに離して引き出してもよいが，一葉図又は多葉図で統一する（図(b)）。

(a) 図形から引き出した寸法補助線　　　(b) 図形とのすきまをあけた寸法補助線

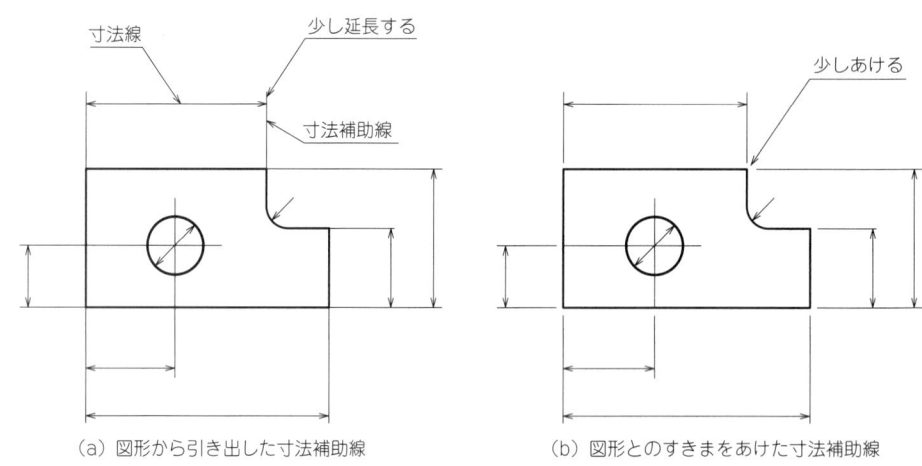

図3-57　寸法補助線の引き方

テーパやこう配など，傾斜部分の場合は，原則どおりに寸法補助線を引くと，図形の線と紛らわしくなるので，寸法補助線を斜め方向に引き出す。引き出す角度は，寸法線に対しなるべく60°がよい（図3-58）。

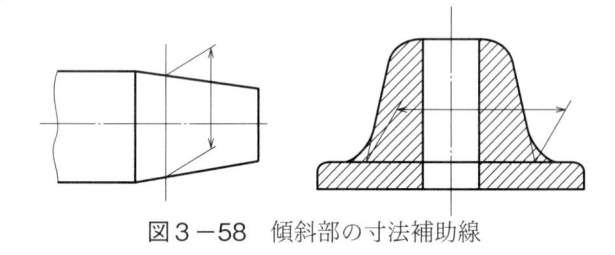

図3-58　傾斜部の寸法補助線

(4) 引 出 線

引出線は図形や寸法線から斜め方向に引き出した線で，原則として引き出した端を水平に折り曲げ，指示事項をその上側に書く。

引き出す角度はなるべく60°がよい（図3-59）。

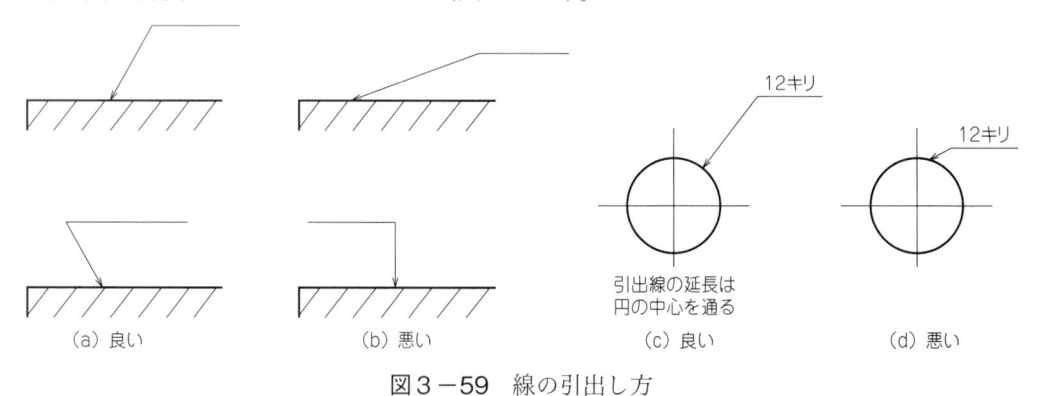

(a) 良い　　(b) 悪い　　(c) 良い　　(d) 悪い

図3-59　線の引出し方

引き出す対象により，次のようにする。

① 狭い箇所の寸法線から引き出す場合は，引き出す側の端には端末記号を付けない（図3-60(a)）。

② 形状を表す図形の線から引き出す場合は引き出す端に矢印を付ける（図(b)）。

③ 形状の内側から引き出す場合は，引出線の端に黒丸を付ける（図(c)）。

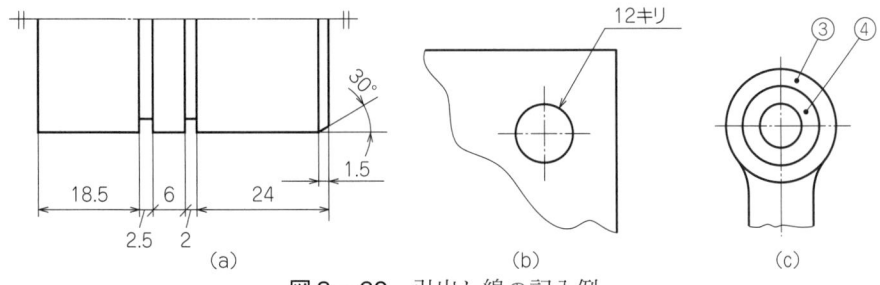

図３-60　引出し線の記入例

(5) 寸法の記入

a．寸法線の間隔

寸法線があまり図形に近いと，図形と寸法数字の間が狭まって図面が読みとりにくくなる。

第一寸法線（図形に一番近い寸法線）と外形線との間隔は十分にとって，その他の寸法線を等間隔に引く。図３-61はその例である。

b．狭い部分の寸法記入

図３-61　寸法線の間隔

寸法線の間隔が狭くて，寸法数値を記入する余地のないときは，図３-62に示すように矢印を内側に向け，中間の部分は矢印に代えて，黒丸又は斜線によってもよい。

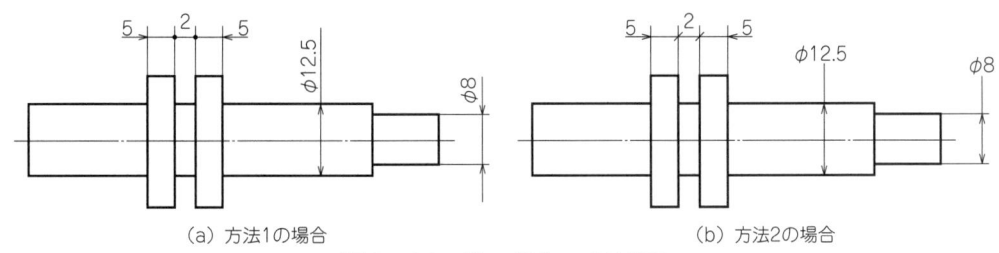

(a) 方法1の場合　　　　　　　　　　(b) 方法2の場合

図３-62　狭い部分の寸法記入

直径寸法線が短くて，寸法数値が記入できないときは，寸法線を延長してその外側に，φ8，φ12.5のように記入する（図(b)）。

3．4　寸法補助記号とその使い方

図形の理解を助け，補足の投影図や説明を省略した場合でも，寸法の意味が明らかになるように，寸法数字と並べていろいろな記号が用いられる。これが寸法補助記号である（表３-2）。

表3−2　寸法補助記号の種類及びその呼び方（JIS B 0001：2010）

記　号	意　味	呼び方
φ	180°を超える円弧の直径又は円の直径	"まる"又は"ふぁい"
Sφ	180°を超える球の円弧の直径又は球の直径	"えすまる又は"えすふぁい"
□	正方形の辺	"かく"
R	半径	"あーる"
CR	コントロール半径	"しーあーる"
SR	球半径	"えすあーる"
⌒	円弧の長さ	"えんこ"
C	４５°の面取り	"しー"
t	厚さ	"てぃー"
⊔	ざぐり 深ざぐり	"ざぐり" "ふかざぐり" 注記　ざぐりは，黒皮を少し削り取るものも含む。
∨	皿ざぐり	"さらざぐり"
▽	穴深さ	"あなふかさ"

（１）直径の表し方

記号φは，まる又はふぁいと読み，寸法数値の前に，寸法数値と同じ大きさで記入する。

円筒形状の品物の軸心を水平に置いた場合，この記号を寸法数値に付記することによって側面図を描く必要がなくなる（図３−63）。

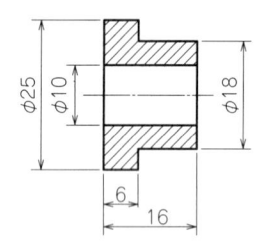

図３−63　円筒形状の品物の軸心を水平に置いた場合の直径の表し方

円形の一部を欠いた図形で，寸法線の矢印が片側の場合は，半径寸法と間違わないように，寸法数値の前にφを記入する（図３−64）。

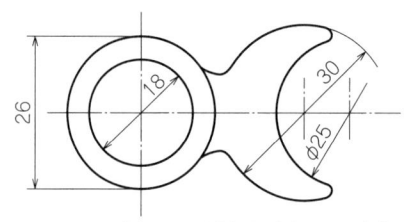

図３−64　180°を超える円弧及び全円の直径の記入例

180°を超える円弧又は円形の図形に直径の寸法を記入する場合で，寸法線の両端に端末記号が付く場合には，寸法数値の前に直径記号φを記入しない（図３−64）。ただし，

引出線を用いて寸法を記入する場合には，直径の記号φを記入する（図3-65(a)）。

円形の図や側面図で円形が現れない図の場合でも，直径の寸法数値の後に明らかに円形になる加工方法が併記されている場合には，寸法数値の前に直径記号φを記入しない（図(b)）

(a) 加工方法が併記されていない場合　　　　(b) 加工方法が併記されている場合

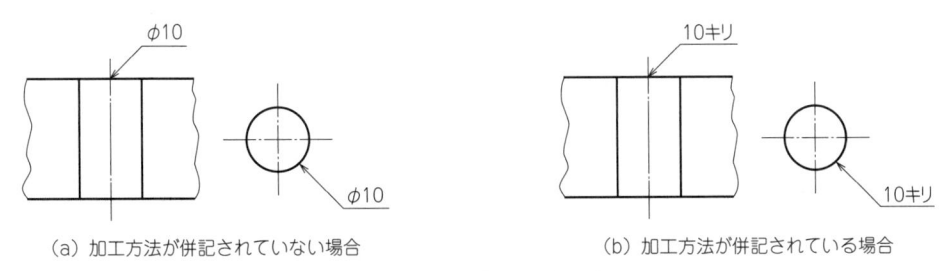

図3-65　直径の表し方

直径の異なる円筒部分が連続して，寸法の記入箇所が狭いときには，片側に寸法線を引き，図3-66に示すように直径記号φと寸法数値を記入する。

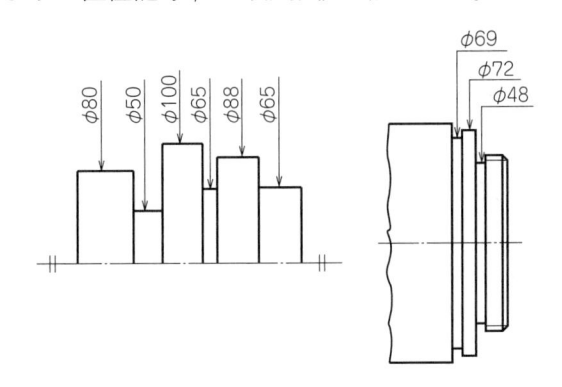

図3-66　円筒部が連続する場合の記入法

(2) 半径の表し方

半径記号のRは，Radius（半径）の頭文字をとったものである。半径の寸法は，半径の記号（R）を寸法数値の前に寸法数値と同じ大きさで記入する。ただし，半径を示す寸法線を円弧の中心まで引く場合には，この記号を省略してもよい。

① 半径を示す寸法線は，円弧の側にだけ矢印を付け，中心の側には矢印を付けない（図3-67(a)）。

② 半径を示す寸法線が，円弧の中心まで引かれている場合は，Rの記号を省略してもよい（図(b)，図(c)）。

また，特に中心を示す必要がある場合には，中心点に＋字又は黒丸でその位置を示す（図(c)，図(d)）。

③ 半径が大きいために，中心が遠く離れている場合は，紙からはみ出したり，他の図

形と重なったりして見にくくなるので，このようなときは，寸法線をZ形に折り曲げて短くして記入してもよい。この場合，矢印の付いた部分は，正しい中心の位置に向いていなければならない（図（d））。

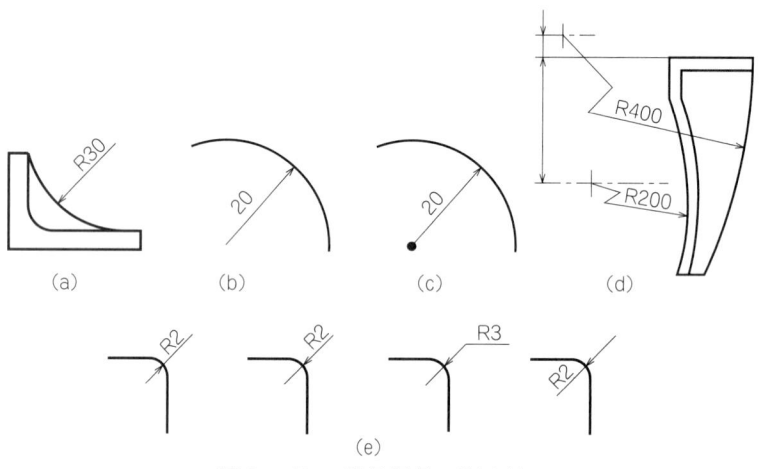

図3-67　半径記号の記入法

④　半径寸法の大きさや図の関係で，矢印や寸法数値を記入する余地のないときは，図（e）のように記入することができる。

⑤　かどの丸み，隅の丸みなどにコントロール半径を要求する場合には，半径数値の前の記号"CR"を指示する（図3-68）。

図3-68　コントロール半径の指示例

（3）正方形の辺の表し方

断面の形状が正方形で，正方形の一辺だけが現れている図形では，寸法数値と同じ大きさで，寸法数値の前に□を付けて正方形であることを示す。

図3-69に示すように，品物の頭が正方形で，つばが円形のような場合は，記号だけでは分かりにくい。このようなときは，正方形の部分に細い実線で対角線を引いて平面であることを示し，一見して分かるように表す。

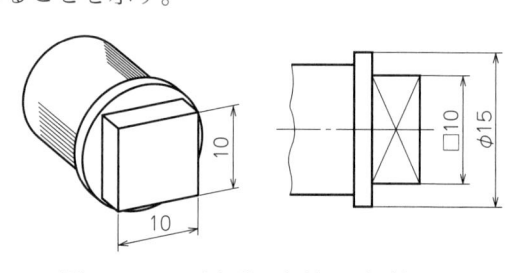

図3-69　正方形の記号と平面部図示

（4）球の直径又は半径の表し方

球面を表す記号Sは，Sphere（球）の頭文字をとったものである。球の直径寸法を表す場合には"Sφ"を，半径寸法を表す場合には"SR"を寸法数値と同じ大きさで付記する（図3-70）。

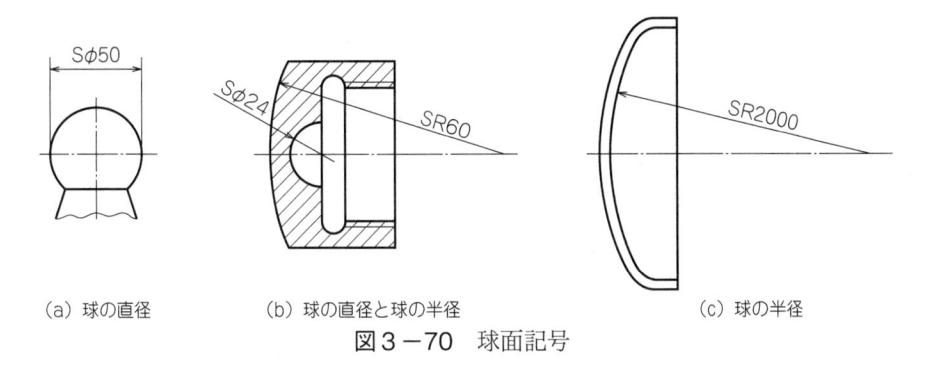

(a) 球の直径　　(b) 球の直径と球の半径　　(c) 球の半径

図3-70　球面記号

(5) 面取りの表し方

品物のかどに生じる鋭角を取り去ることを面取りという。面取り記号のCは Chamfer の頭文字をとったもので、Cは45°の面取りに限って使用する。例えば、"C 2"とは、図3-71(a)に示す面取りの深さが2mmであることを意味する。また、図3-72に示すように、面取り深さ×45°と記入してもよい。

45°以外の面取りの場合は、図3-73に示すように、面取りの角度と面を取る深さを明示する。

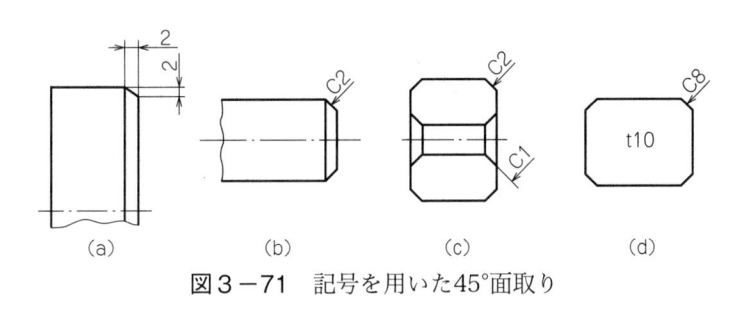

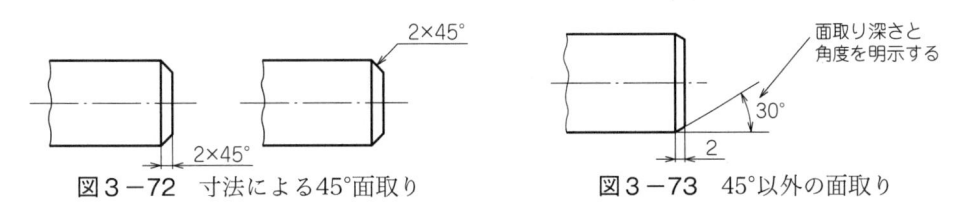

図3-71　記号を用いた45°面取り

図3-72　寸法による45°面取り　　図3-73　45°以外の面取り

(6) 厚さの表し方

鋼板などで、平面の形だけ図示すれば十分なときなど、板の面や見やすい位置に板厚の寸法数字と並べて"t0.7"のように記入する（図3-74）。

tはthicknessの頭文字である。

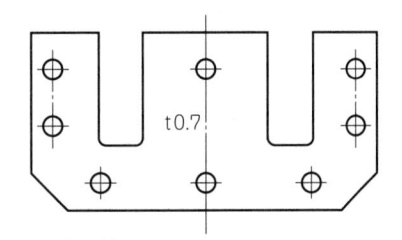

図3-74　板厚の寸法記入法

（7）弦・円弧の長さの表し方

　弦の長さは，弦と直角な寸法補助線を引き出し，弦に平行な寸法線を用いて表す（図3－75（a））。

　弧の長さは，弧と同心の円弧による寸法線で表す。

　また，弦と区別して弧であることを明示する必要があるときは，寸法数値の前に円弧の長さの記号を付ける（図（b））。

　円弧の角度が大きいときは，円弧の中心から引いた寸法補助線に，寸法線を当てて図3－76に示すように表す。

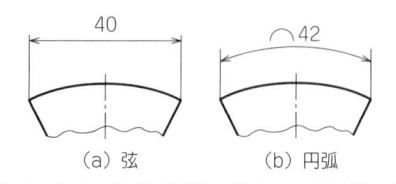

図3－75　弦と円弧の長さの寸法記入法

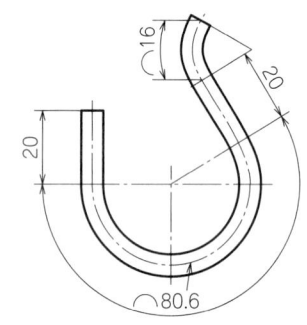

図3－76　大きい角度の円弧の長さの寸法記入法

3．5　各種図形の寸法記入法
（1）曲　　線

　いくつかの円弧で構成されている曲線は，これらの円弧の半径とその中心又は円弧の接線の位置で表す（図3－77（a），（b））。

　円弧によらない曲線の場合は，曲線上のできるだけ多くの任意の点の位置を，座標寸法によって記入する。図（c）は基準とする一端からの座標寸法で表したものである。図（d）は寸法の起点に起点記号"⌽"を用いて，累進寸法によって表したものである。

（a）半径と中心　　　（b）接線の位置

（c）基準からの座標寸法　　　（d）累進寸法

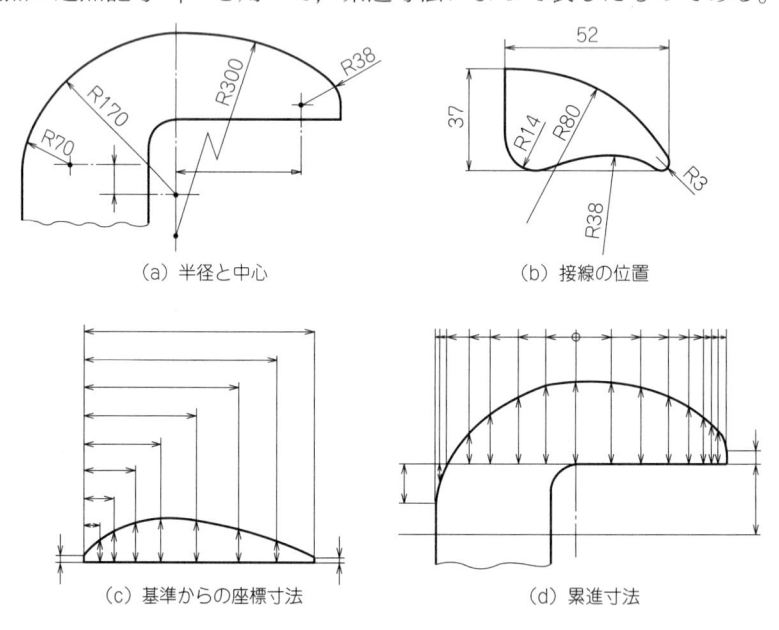

図3－77　曲線の寸法記入法

（2）角　　度

角度を記入する寸法線は，角度を挟む両辺の交点を中心にした円弧で表す（図3－78）。

角度の場合はいろいろな方向を生じるので，寸法数値を記入するときは図3－79に示す記入方法の中から適したものを選ぶ。

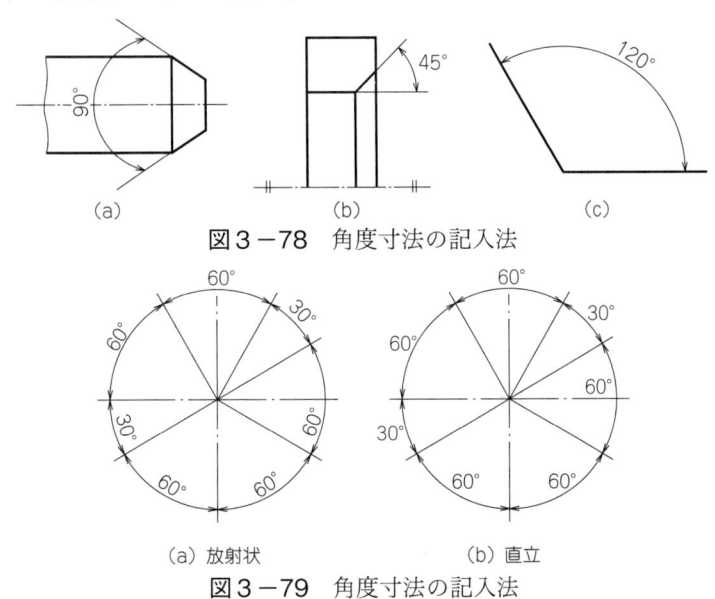

図3－78　角度寸法の記入法

(a) 放射状　　　(b) 直立

図3－79　角度寸法の記入法

（3）テーパとこう配

基準線に対して片側だけ傾斜している場合をこう配といい，基準線に対称で両側が傾斜している場合をテーパという。

テーパ比は，テーパをもつ形体の近くに参照線を用いて指示する。参照線は，テーパをもつ形体の中心線に平行に引き，引出線を用いて形体の外形線を結ぶ。ただし，テーパ比と向きを特に示す必要がある場合には，テーパの向きを示す図記号を，テーパの方向と一致させて描く（図3－80）。

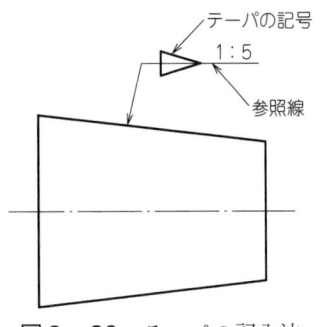

図3－80　テーパの記入法

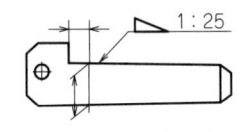

こう配は，こう配をもつ形体の近くに参照線を用いて指示する。参照線は水平に引き，引出線を用いて形体の外形線と結び，こう配の向きを示す図記号をこう配の方向と一致させて描く（図3－81）。

図3－81　こう配の記入法

(4) 穴の表示

穴にはいろいろな種類があるので、加工方法を表示しておくと分かりやすい。穴を表示するときは、引出線を用いて加工方法を付記するとよい（図3-82）。

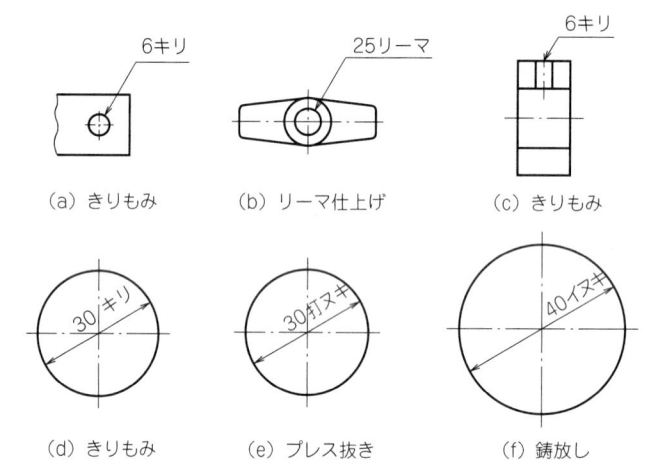

(a) きりもみ　(b) リーマ仕上げ　(c) きりもみ

(d) きりもみ　(e) プレス抜き　(f) 鋳放し

図3-82　加工方法を付記した穴

① 穴の深さを指示するときは、穴の直径を示す寸法の次に、穴の深さを示す記号"↧"に続けて深さの数値を記入するのがよい（図3-83）。

ただし、貫通穴のときは、穴の深さを記入しない（図3-84）。

なお、穴の深さとは、ドリルの先端で創成される円すい部分、リーマの先端の面取り部で創成される部分などを含まない円筒部の深さをいう（図3-85）。また、傾斜した穴の深さは、穴の中心軸上の長さで表す（図3-86）。

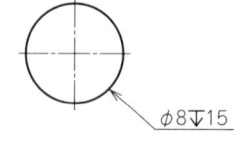

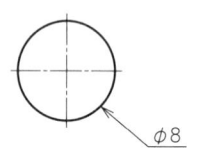

図3-83　穴の深さの指示例　　図3-84　貫通穴の指示例　　図3-85　穴深さの指示例

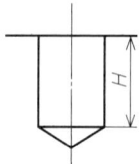

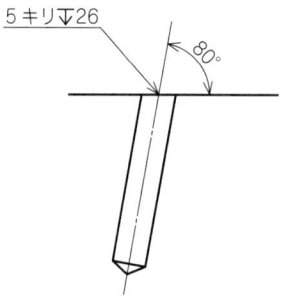

図3-86　傾斜した穴の深さの指示例

② ざぐり又は深ざぐりの表し方は、ざぐりを付ける穴の直径を示す寸法の前に、ざぐりを示す記号"⌴"に続けて数値を記入する（図3-87, 88）。

なお，一般に平面を確保するために鋳造品，鍛造品などの表面を削り取る程度の場合でも，その深さを指示する。また，深ざぐりの底の位置を反対側からの寸法を規制する必要がある場合には，その寸法を指示する（図3－88）。

図3－87　ざぐりの指示例

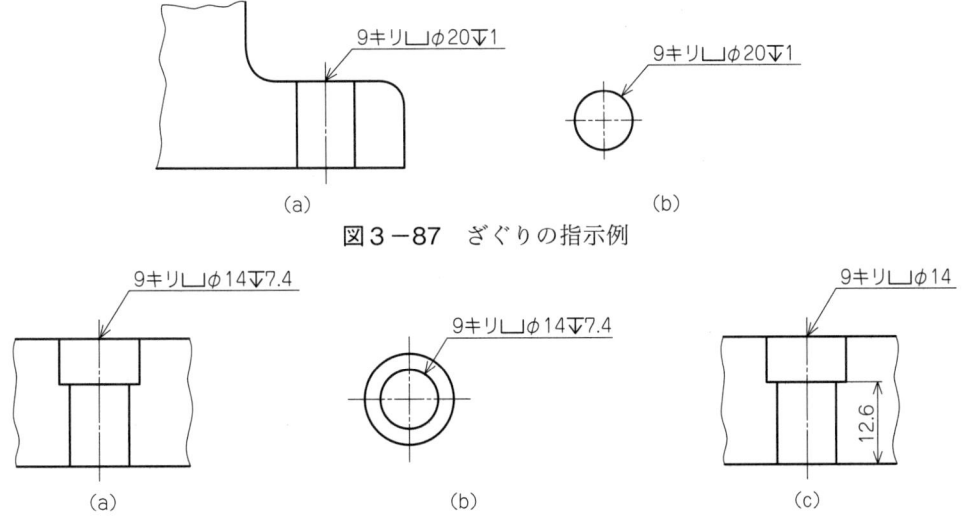

図3－88　ざぐり穴及び深ざぐり穴の指示例

③　皿ざぐり穴の表し方は，皿穴の直径を示す寸法の次に，皿ざぐり穴を示す記号"∨"に続けて，皿ざぐり穴の入口の直径の数値を記入する（図3－89）。皿ざぐり穴の深さの数値を規制する要求がある場合には，皿ざぐり穴の開き角度及び皿ざぐり穴の深さの数値を記入する（図3－90）。

皿ざぐり穴が円形形状で描かれている図形に皿ざぐり穴を指示する場合には，内側の円形形状から引出線を引き出し，参照線の上側に皿ざぐりを示す記号"∨"に続けて，皿穴の入り口の直径の数値を記入する（図3－91）

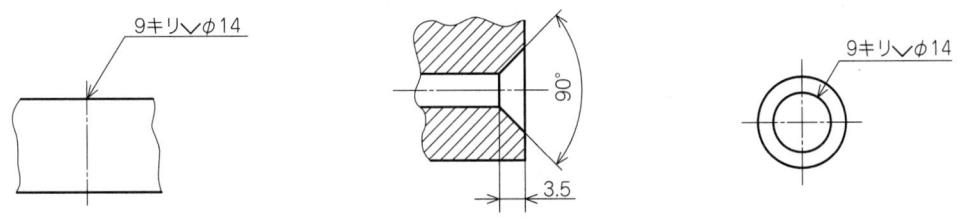

図3－89　皿ざぐりの指示例　　図3－90　皿ざぐりの開き角及び　　図3－91　円形形状に指示する
　　　　　　　　　　　　　　　　　　　　　　皿穴の深さの指示例　　　　　　　　　　　　皿穴の指示例

皿ざぐりの簡略指示方法は，皿ざぐり穴が表れている図形に対して，皿ざぐり穴の入り口の直径及び皿ざぐり穴の開き角度を寸法線の上側又はその延長線上に"×"を挟んで記入する（図3－92）。

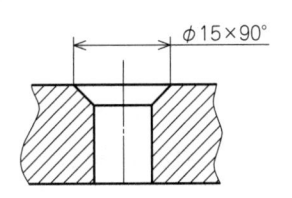

図3－92　皿ざぐりの簡略指示方法の例

製図の基礎

④ 円周上に等分に配置されている場合は，図3-93に示すように記入する。

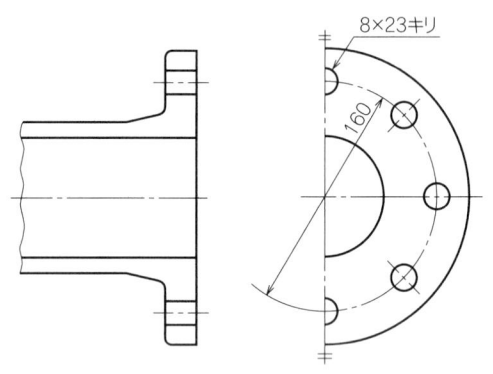

図3-93 キリ穴の等分配置の表示法

〔同種の穴〕

ボルト穴やリベット穴など，同種，同一寸法の穴が多数個並んでいるときは，図3-94に示すように表示する。

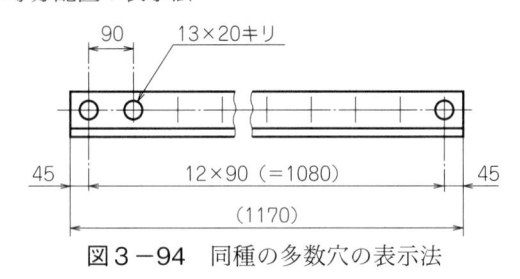

図3-94 同種の多数穴の表示法

〔座標寸法による表示〕

穴の位置や大きさなどの寸法は，座標を用いて表すことができる。

図3-95は，座標の原点を起点とし，起点からの距離を付表にまとめて図示したものである。

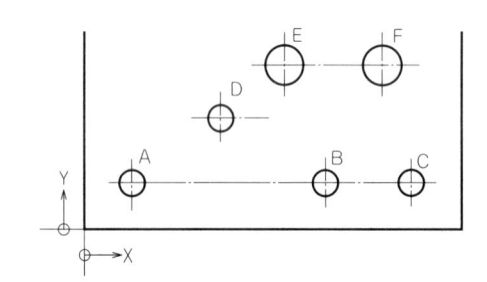

（付表）

	X	Y	φ
A	20	20	13.5
B	140	20	13.5
C	200	20	13.5
D	60	60	13.5
E	100	90	26
F	180	90	26

図3-95 直角座標による穴の表示法

〔記号による表示〕

円周上に配置された穴の寸法が異なるような場合は，穴の寸法の代わりに文字記号を用いて図3-96に示すように表してもよい。この場合は図3-94に示すような付表によらなくても，図の近くにA＝φ12，B＝φ10のように並べて表示するだけでよい。

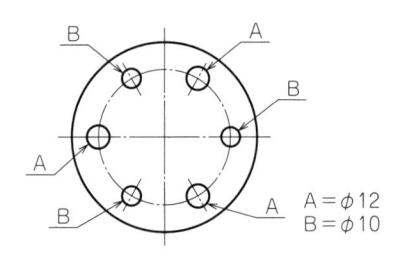

図3-96 文字記号による表示法

（5）キー溝

軸のキー溝の寸法は，キー溝の幅，深さ，長さ，位置及び端部を表す寸法による（図3-97(a)）。

穴のキー溝の寸法は，キー溝の幅及び深さを表す寸法による。キー溝の深さは，キー溝と反対側の穴径面からキー溝の底までの寸法で表す（図(b)）。また，こう配キー用のボスのキー溝の深さは，キー溝の深い側で表す（図(c)）。

(a) 軸のキー溝の寸法記入法

(b) 穴のキー溝の寸法記入法　　(c) こう配キー用のボスのキー溝の深さの記入法

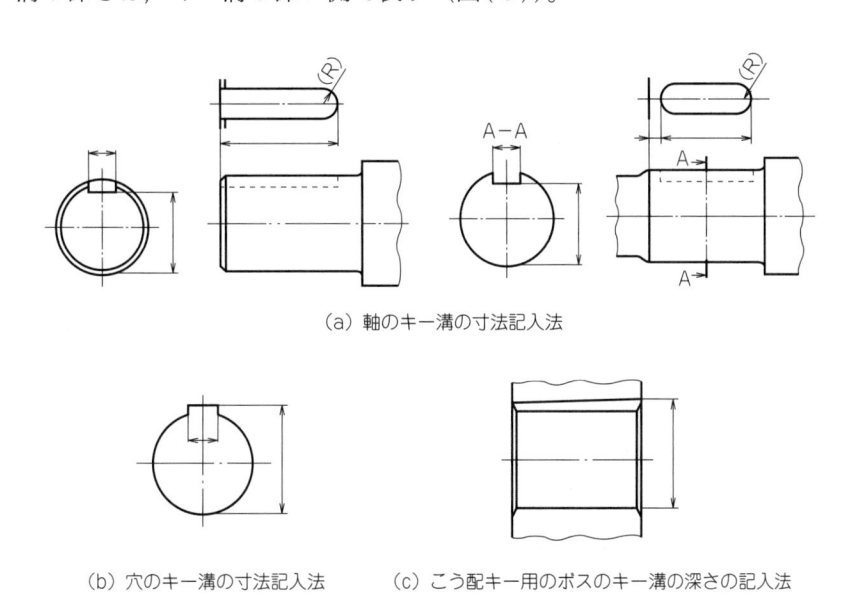

図3-97　キー溝の表示法

3．6　その他の寸法記入法

（1）対称図形の寸法

対称の図形で対称中心線の片側だけを表した図では，寸法線はその中心線を越えて適切な長さに延長する。この場合，延長した寸法線の端には，端末記号を付けない（図3-98）。ただし，誤解のおそれがない場合には，寸法線は，中心線を越えなくてもよい（図3-99）。

図3-98　対称図形の中心線を越えた寸法記入法

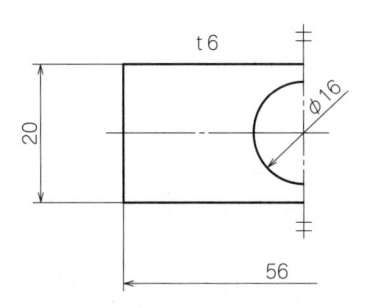

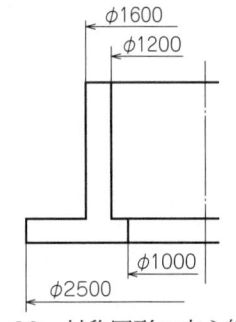

図3-99　対称図形の中心線を越えない寸法記入法

（2）キー溝のある内径寸法

キー溝が断面に現れているボス穴の寸法を記入する場合は，図3－100に示すように，キー溝を切っていない側の寸法線に矢印を入れ，キー溝側には矢印を付けない。

図3－100　キー溝がある穴の寸法記入法

（3）半径が自然に決定する寸法

半径の寸法が他の寸法によって（図3－101では16mm）決まるときは，単に半径の寸法線と半径記号Rのみで円弧であることを示す。

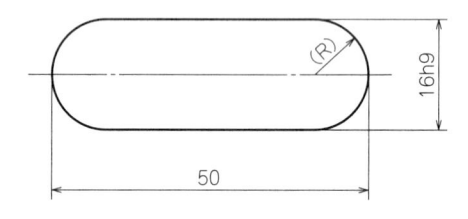

図3－101　半径記号のみの記入法

（4）傾斜する二つの面の寸法

あり溝やその他の二つの傾斜する面に面取りや丸みがある場合は，細い実線の作図線で二つの交わる面の位置を示し，その交点から寸法補助線を引き出す。交点を明らかに示す必要がある場合は，線を交差させるか，又は交点に黒丸を付ける（図3－102）。

（a）丸みがある場合　　（b）線を交差させる場合　　（c）交点に黒丸を付ける場合

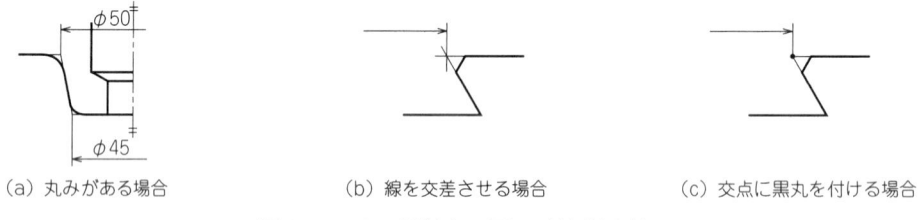

図3－102　傾斜する面の寸法記入法

（5）円弧で構成される部分の寸法

一般に円弧で構成されている部分が180°以内の場合にはその寸法を半径で表し，180°を超える場合には直径で表す（図3－103（a），（b））。

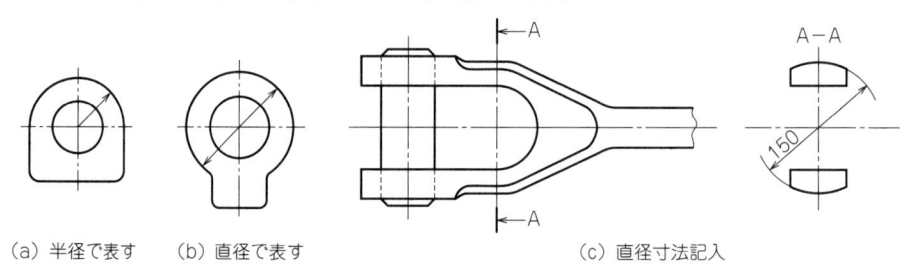

（a）半径で表す　（b）直径で表す　　　　　　　（c）直径寸法記入

図3－103　円弧の部分の寸法記入法

しかし，円弧が180°以内でも，旋盤による加工のように直径で示した方がよい場合は，図(c)に示すように直径寸法を記入する。

（6）同一部分が二つ以上ある場合の寸法

1個の品物の中に，全く同一寸法の部分が二つ以上ある場合は，その一つに寸法を記入し，他の寸法を省略することができる。

この場合，寸法を記入しない部分には，引出線によって"フランジAと同じ"などのように注記する（図3-104）。

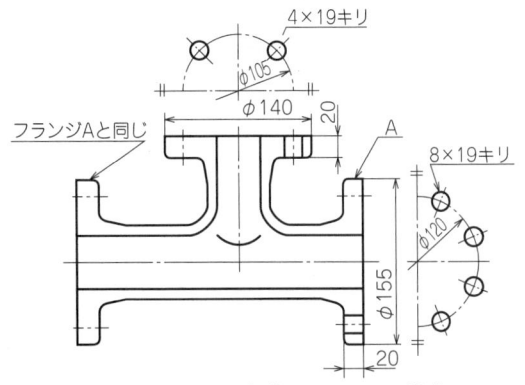

図3-104 同一部分が二つある場合の寸法記入法

（7）図形に対して比例しない寸法

図形の大部分が寸法に比例して描かれていて，その一部分だけの寸法が図形に比例しない場合は，寸法数値の下に太い実線を引く（図3-105）。

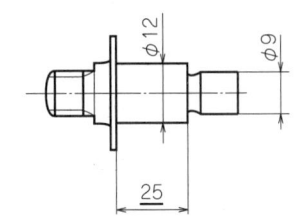

図3-105 図形と寸法が比例しない場合の寸法記入法

（8）構造物などの寸法方法

寸法記入の原則は，図形から寸法補助線を引き出し，それに寸法線を引いて寸法数値を記入する。しかし，鉄骨構造物などの場合は，構造線図に表された部材を示す線に沿って，図3-106に示すように，寸法を直接記入する。

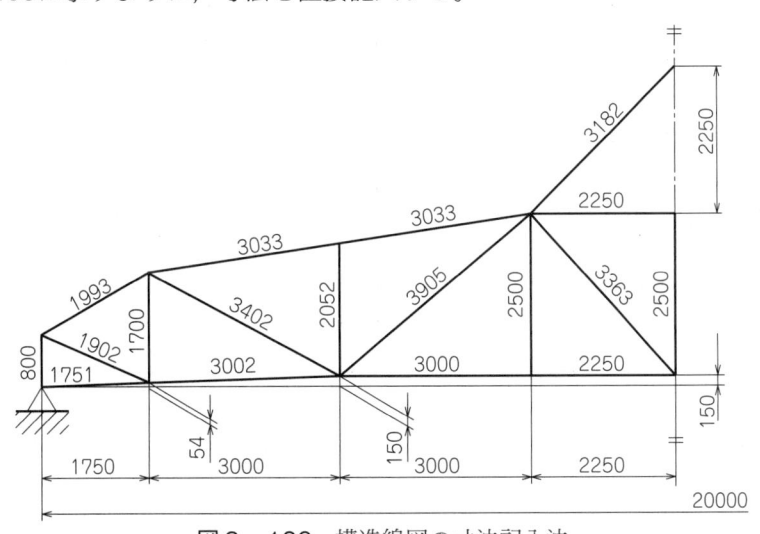

図3-106 構造線図の寸法記入法

形鋼，鋼管，角鋼などの寸法は，表3-3に示すように，"断面寸法—長さ"で表すように規定している。

表3-3　形鋼，鋼管，角鋼などの寸法（JIS B 0001：2010）

種類	断面形状	表示方法	種類	断面形状	表示方法
等辺山形鋼		L $A \times B \times t - L$	軽Z形鋼		Z $H \times A \times B \times t - L$
不等辺山形鋼		L $A \times B \times t - L$	リップ溝形鋼		⊏ $H \times A \times C \times t - L$
不等辺不等厚山形鋼		L $A \times B \times t_1 \times t_2 - L$	リップZ形鋼		Z $H \times A \times C \times t - L$
I形鋼		I $H \times B \times t - L$	ハット形鋼		⊓ $H \times A \times B \times t - L$
溝形鋼		⊏ $H \times B \times t_1 \times t_2 - L$	丸鋼（普通）		$\emptyset A - L$
球平形鋼		J $A \times t - L$	鋼管		$\emptyset A \times t - L$
T形鋼		T $B \times H \times t_1 \times t_2 - L$	角鋼管		□ $A \times B \times t - L$
H形鋼		H $H \times A \times t_1 \times t_2 - L$	角鋼		□ $A - L$
軽溝形鋼		⊏ $H \times A \times B \times t - L$	平鋼		▭ $B \times A - L$
（備　考）Lは長さを表す。					

　構造物に"断面寸法―長さ"を用いる場合は，それぞれの図形に沿って，図3-107に示すように記入する。

　なお，不等辺山形鋼などの場合は，部材の辺がどのような形に置かれているかをはっきりさせるために，図に現れている断面形状の寸法の一つを75mm，125mmのように記入

しておく。

このようにすると，短辺側と長辺側の組付けの姿勢がはっきりする。

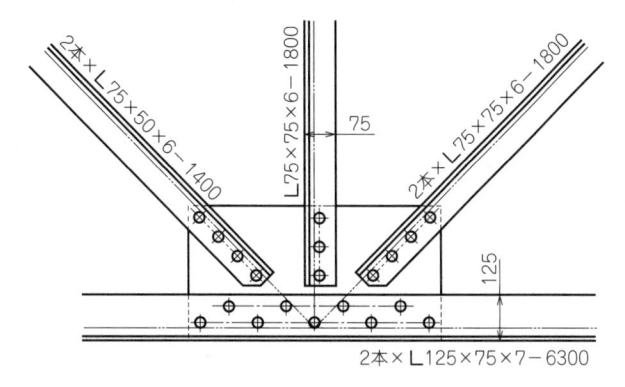

図3－107　形鋼の寸法記入法

3．7　寸法記入上の注意

図面の寸法に記入漏れや誤りがあっては，図面としての用をなさない。したがって，寸法の記入に際しては，次のような原則に従って誤りのないようにしなければならない。

① 寸法は，機能，製作，組立などを考えて，必要と思われるものを明瞭に指示する。
② 寸法は，なるべく主投影図（正面図）に集中して記入する。
③ 図面には，特に明示しない限り，その図面に図示した対象物の仕上がり寸法を示す。
④ 寸法は重複記入を避ける。ただし，大きな図，一品多葉図など，重複寸法を記入した方が図の理解を容易にする場合には，寸法を重複してもよい。例えば，図3－108のように重複する幾つかの寸法値の前に黒丸を付け，黒丸の意味を図面に注記する。

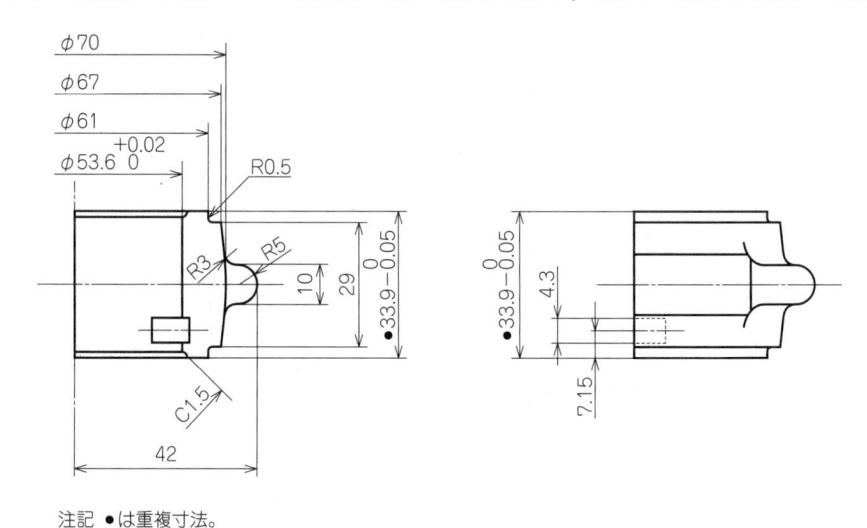

注記　●は重複寸法。

図3－108　重複寸法記入の例

⑤ 寸法は，加工や組立の基準となる部分をもとにして記入する（図3－109）。

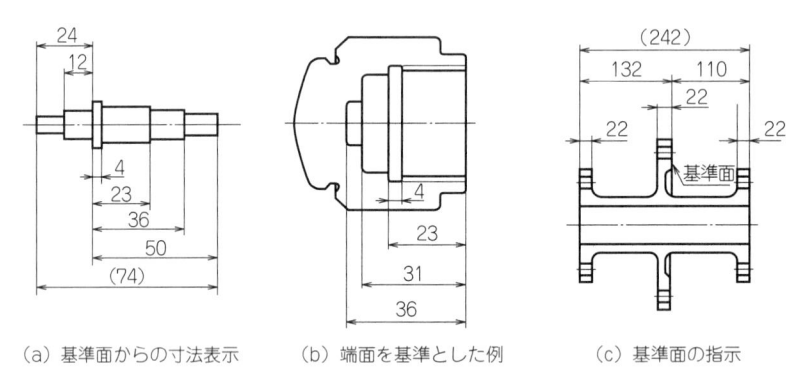

(a) 基準面からの寸法表示　　(b) 端面を基準とした例　　(c) 基準面の指示

図3－109　基準からの寸法記入例

⑥ 不必要な寸法は記入しない（図3－110）。

(a) 良い例　　(b) 悪い例

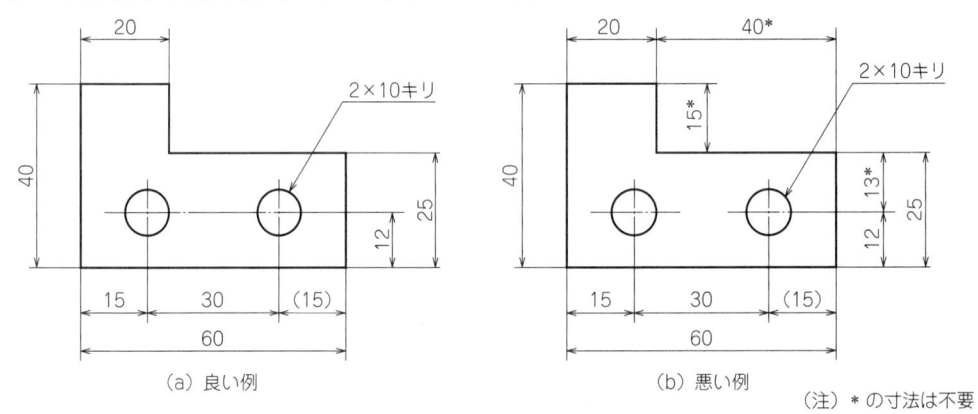

（注）＊の寸法は不要

図3－110　不必要な寸法記入法

⑦ 互いに関連する寸法は，なるべく1箇所にまとめて記入する。例えば，フランジの場合のボルト穴の寸法，穴の位置を示す中心円の直径，穴の配置などは，中心円が描かれている図の方へまとめる（図3－111）。

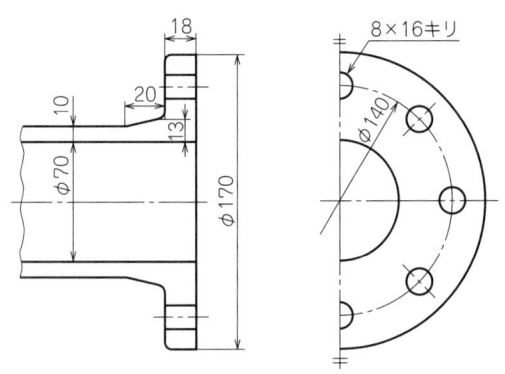

図3－111　互いに関連する寸法の記入法

⑧ 寸法は，なるべく工程ごとに分けて記入する。図3－112は，外形の長手方向の寸法と，穴の深さ寸法を分けて記入している例で，加工手順は立てやすい。

図3−112 工程別の寸法記入法

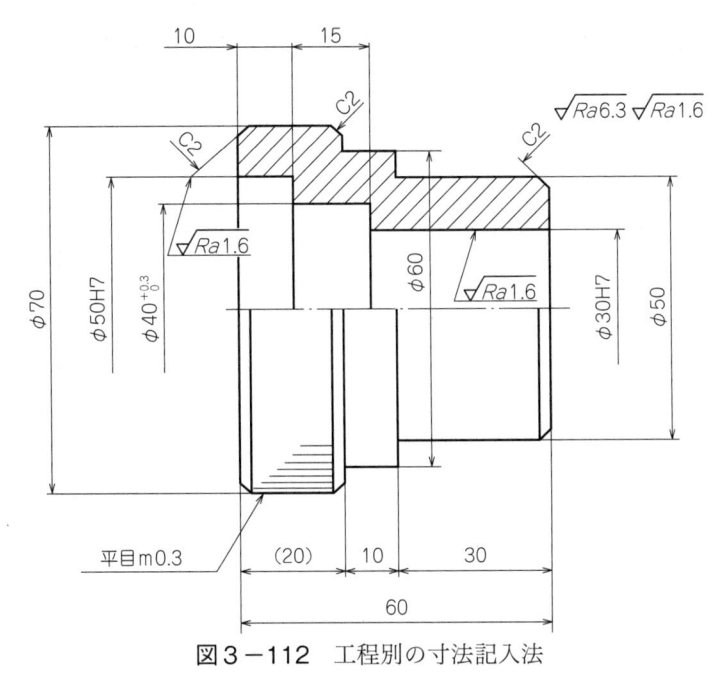

⑨ 寸法は,小さい寸法を内側に,大きい寸法を外側に,揃えて記入する(図3−113)。

(a) 良い例　　　　　　　(b) 悪い例

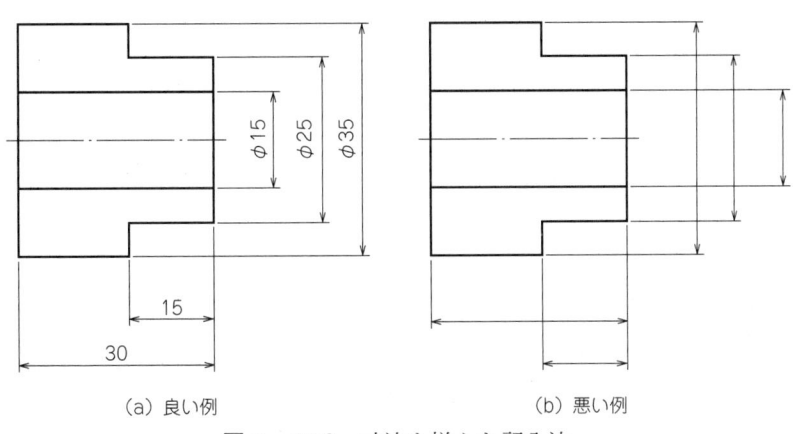

図3−113 寸法を揃えた記入法

⑩ 寸法数値は,線で分割されたり,他の線に重ねて記入したりしてはならない(図3−114)。

ただし,やむを得ない場合には,引出線を用いて記入する(図(b))。

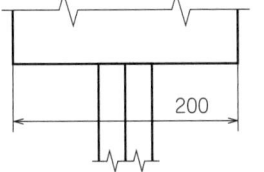

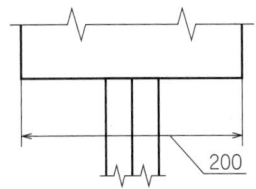

(a) 良い例　　　　　　　(b) 引出線による例

図3−114 寸法数値の記入法

⑪ 寸法数値は，寸法線の交わる箇所に記入してはならない（図3－115）。

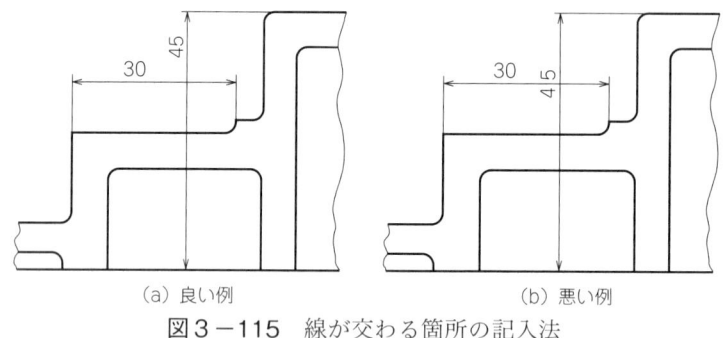

(a) 良い例　　　(b) 悪い例

図3－115　線が交わる箇所の記入法

⑫ 寸法のうち，理論的に正しい寸法について寸法数値を長方形の枠で囲み，参考寸法については寸法数値に括弧を付ける。

なお，参考数値は，検証の対象としない（図3－116）。

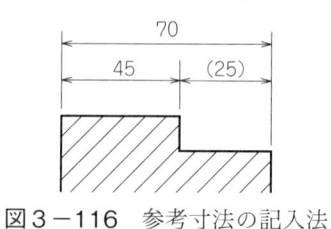

図3－116　参考寸法の記入法

第4節　仕上げ面の表示法

4．1　表面性状の図示方法
　　　（JIS B 0031：2003）

　機械部品の表面は，その使用目的によって仕上げ程度が違う。このような表面の状態を製作図に明確に表示する必要がある。この表示の方法を表面性状の図示方法という。

（1）表面の状態

　機械部品の表面は，鋳造，鍛造などの黒皮（切削，研削などの加工前の金属材料の表面）のままの部分と，機械加工などによって仕上げられた部分がある。この場合，後者のように，機械加工な

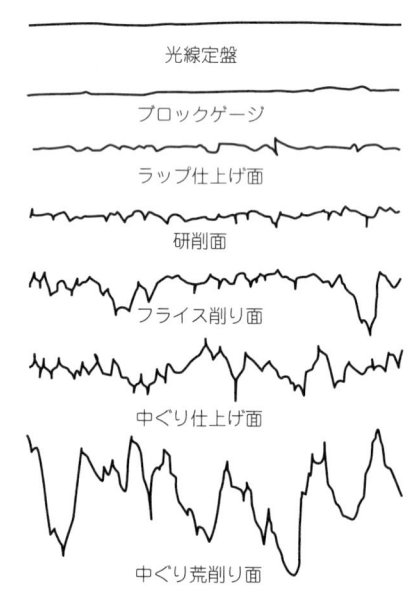

図3－117　各種の仕上げ面の断面曲線
（光線定盤／ブロックゲージ／ラップ仕上げ面／研削面／フライス削り面／中ぐり仕上げ面／中ぐり荒削り面）

どによって表面を削り取る加工のことを除去加工といい，そのとき刃物によって生じる模様の方向を筋目方向という。これらの表面を粗さ測定器で調べると，図3－117に示すような凸凹（でこぼこ）になっていることが分かる。このように小さい間隔で起こる表面の凸凹で，ざらざらしているとか，つるつるしているとかいう感覚のもとになる量を表面粗さという。そして，このような機械部品などの表面の状態すなわち，表面粗さ，除去加工の有無，筋目方向などを表面性状という。

(2) 表面粗さ

対象面に直角な平面で対象面を切断したときに，その切り口に現れる輪郭を断面曲線という。断面曲線には，小さい間隔で起こる凸凹（表面粗さ）と大きな間隔で起こる凸凹（表面うねり）があり表面粗さを求める場合には，表面うねりが関係しないようにする。断面曲線から，所定の波長より長い表面うねり成分を除いた曲線を粗さ曲線という（図3－118）。

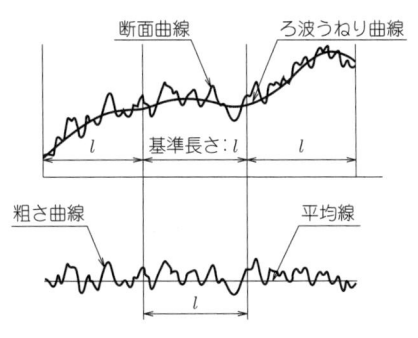

図3－118　断面曲線及び粗さ曲線

表面粗さは，製品の寿命や部品の互換性などに影響するので，必要な表面には，その度合いを規制し，管理する必要がある。

工業製品の表面粗さを表す表面性状パラメータ*には，算術平均粗さ（Ra），最大高さ粗さ（Ry），などの表示法がある。

これらの表面性状パラメータは，実際は触針式表面性状測定機のダイヤモンド触針で，対象物の表面をなぞって，自動的に処理された粗さ曲線が数値化される。

a．算術平均粗さ（Ra）

算術平均粗さは，粗さ曲線からその平均線の方向に基準長さだけ抜き取り，この抜取り部分の平均線の方向にX軸を，縦倍率の方向にY軸を取り，粗さ曲線を$y=f(x)$で表したときに，次の式によって求められる値をマイクロメートル（μm）で表したものをいう（図3－119）。

$$Ra = \frac{1}{l}\int_0^l |f(x)| dx$$

　　l：基準長さ

＊　パラメータ：parameters（媒介変数）

図3−119　Raの求め方

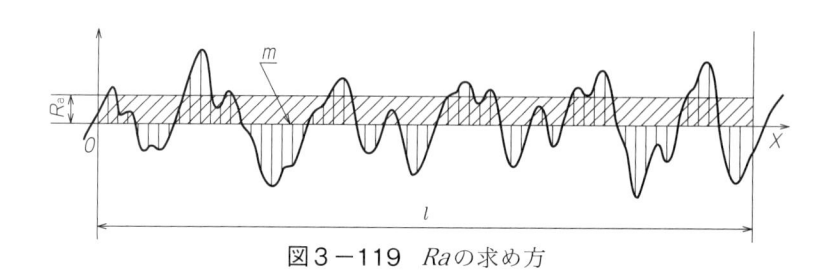

b．最大高さ粗さ（Rz）

　最大高さ粗さは，粗さ曲線からその平均線の方向に基準長さだけ抜き取り，この抜取り部分の山頂線と谷底線との間隔を粗さ曲線の縦倍率の方向に測定し，この値をマイクロメートル（μm）で表したものをいう（図3−120）。

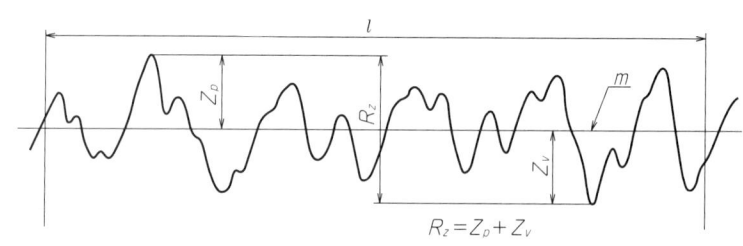

図3−120　Rzの求め方

（3）表面性状の図示方法

a．基本図示記号

　表面性状は，表3−4のような対称面を示す線に対して60°傾いた長さの異なる2本の直線で構成する。ただし，この記号だけでは，表面性状を指示したことにはならない。

　そこで除去加工，例えば対称面に機械加工をする場合には，表3−4の基本図示記号に横線を付ける。逆に鋳造などのように，除去加工をしない場合は，同記号に丸記号を付ける。

表3−4　基本図示記号と除去加工の図示記号

基本図示記号	除去加工の図示記号	
	除去加工をする場合	除去加工をしない場合
∨	∨	∨

b．表面性状の図示方法

　表面性状の要求事項にあいまいさがないようにするため，表3−4に示すいずれかの図示記号の長い方の斜線に直線を付けて図3−121のようにし，同図のaからeの位置に所

定の数値又は記号を書き込む。この中で最も多用されるのが，先に述べた「表面性状パラメータ」である。例えば，算術平均粗さでその数値が6.3μm以下を必要とする表面には，同図のaの位置に，「$Ra6.3$」と書く。

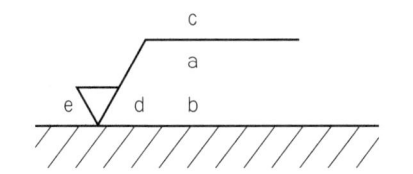

a：通過帯域又は基準長さ，表面性状パラメータ
b：複数パラメータが要求されたときの二番目以降の
　　パラメータ指示
c：加工方法
d：筋目とその方向
e：削り代

参考　原国際規格にはないが，"a"～"e"の位置に指示する事項を記載した。

図3－121　表面性状の要求事項を指示する位置

各パラメータの値は，JISで決められた数値の中から選ぶことができるが，一般には表3－5の中から，仕上がり状態に合わせた数値を選択すればよい。

表3－5　表面性状パラメータの数値（代表的な値）

除去加工の仕上	算術平均粗さ［Ra］	最大高さ粗さ［Rz］
荒仕上げ	25	100
中仕上げ	6.3	25
上仕上げ	1.6	6.3
精密仕上げ	0.4	1.6

なお，対象面の特定の加工方法を指示する必要のある場合は，表3－6のような日本語による加工方法の表記又はアルファベットによる記号を，図中のcの位置に記入する。

表面性状の図示記号は，一つひとつの面に記入するのが原則であるが，特例として部品一周の全周面に，同じ表面性状を適用する場合は，図3－122のように○記号を付けて指示することができる。

表3－6　加工方法記号（JIS B 0122：1978抜粋）

加工方法	記号	加工方法	記号
旋　　　　削	L	ホーニング	GH
穴あけ（きりもみ）	D	放　電　加　工	SPED
中　ぐ　り	B	超音波加工	SPU
フライス削り	M	バフ研磨	SPBF
平　　削　　り	P	ブラスチング	SB
形　　削　　り	SH	ラップ仕上げ	FL
ブローチ削り	BR	やすり仕上げ	FF
リーマ仕上げ	DR	きさげ仕上げ	FS
内　面　研　削	GI	リーマ手仕上げ	FR
研　　　　削	G	ダイカスト	CD

なお，同図のように指示された面とは，1～6の6面であり，正面及び背面は含まない。

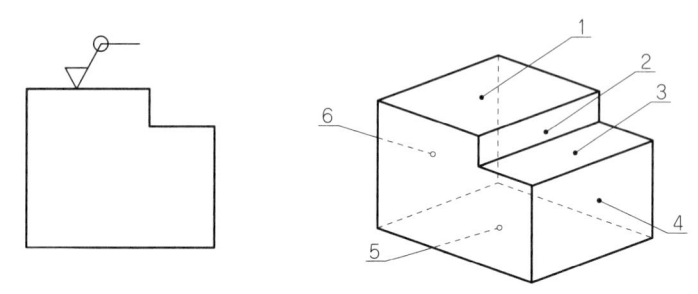

図3－122　外形線によって表された全周面（6面）に適用する表面性状の書き方

c．一般事項

　一般ルールとして，JIS Z 8317の規定に従い図3－123のように，表面性状の要求事項の付いた図示記号が下辺又は右辺から読めるようにする。また，図示記号又は矢印付きの引出線は，部品の表面の外側から外形線又は外形線の延長線に接するように指示する。

　なお，表面性状の記号に表3－6の加工方法の記号（用語）を追加すると，図3－124及び図3－125のような表示になる。

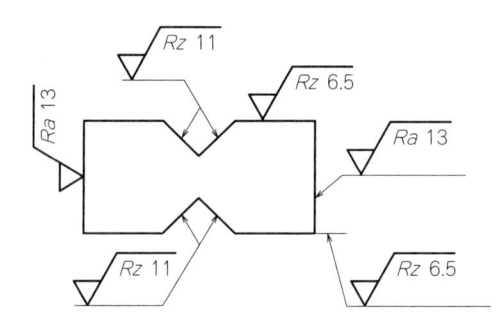

図3－123　表面を表す外形線上に指示した表面性状の書き方

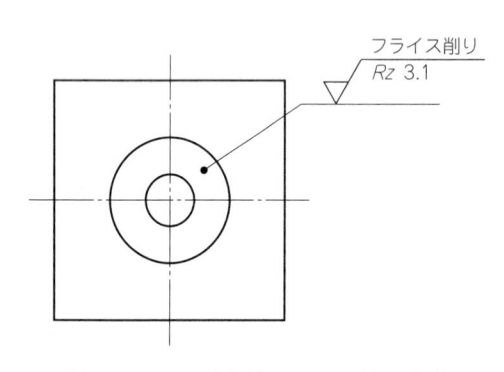

図3－124　引出線の2つの使い方① 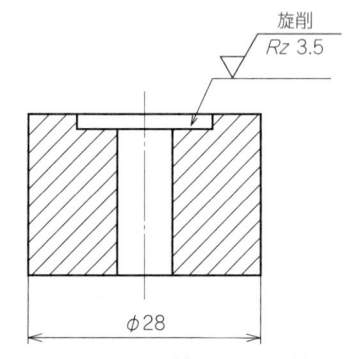　　図3－125　引出線の2つの使い方②

　誤った解釈がされるおそれがない場合は，図3－126のように寸法に並べて指示してもよい。この場合，対象面は明らかに円筒面であることから誤って解釈されるおそれはない

が，円筒面以外では異なった解釈がされる場合があるので，注意する必要がある。

同様に，誤った解釈がされるおそれがない場合には，幾何公差記入枠の上側に付けてもよい（5．2　幾何公差の図示方法を参照のこと）。

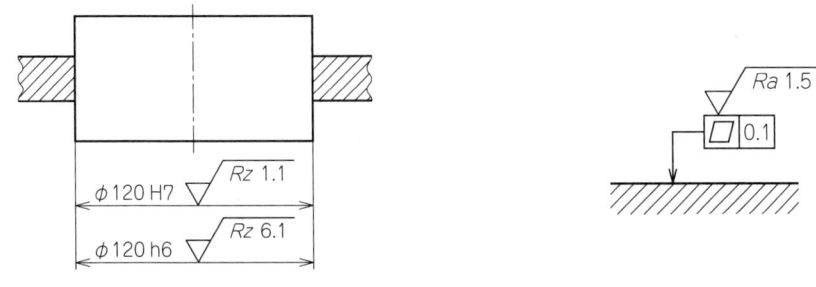

図3－126　寸法線に並んで指示する場合　　　図3－127　幾何公差記入枠に指示する場合

d．簡略図示

部品の大部分に同じ表面性状が要求される場合には，図3－128のように，表面性状の要求事項を図面の標題欄，主投影図又は照合番号のそばに置く。

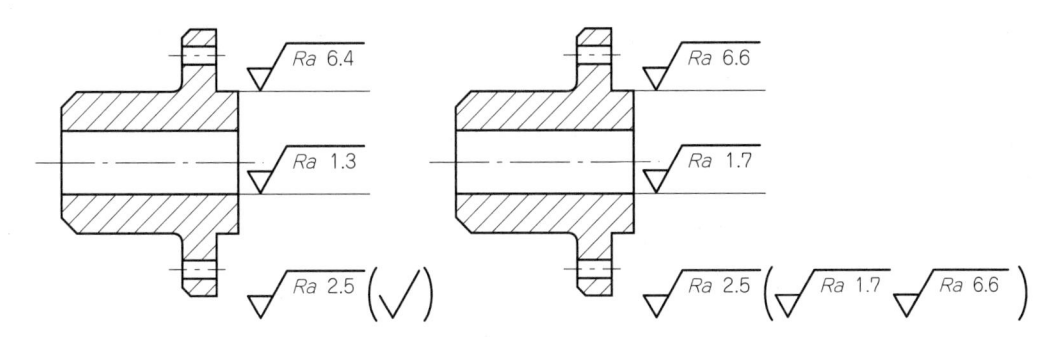

(a)　(　)内に一部異なる表面性状があることを基本図示記号で表すとき

(b)　(　)内に一部異なる表面性状があることを具体的な数値で示すとき

図3－128　大部分が同じ表面性状である場合の簡略図示

指示スペースが限られた場合の表面性状の指示を簡略化したい場合は，図3－129のように表面性状を参照指示することによって，作図スペースを最小化することができる。

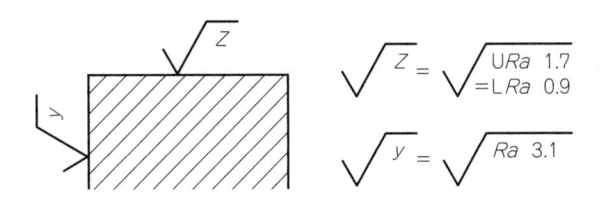

図3－129　指示スペースが限られた場合の表面性状の参照指示

さらに極端な例として，同じ表面性状の要求事項が大部分で用いられる場合，図3－115のように図面に参照指示であることを示すことによって，表3－4に該当する図示記

号を図3-130のように対象面に適用してもよい。

(a) 加工方法を問わない場合

(b) 除去加工をする場合

(c) 除去加工をしない場合

図3-130　図示記号だけによる表面性状の参照指示

第5節　寸法公差・はめあい及び幾何公差の表示法

5.1　寸法公差及びはめあい

　機械部品を製作する場合に，例えば図面寸法が30mmのとき，30.000mmに正確な寸法に仕上げることはほとんど不可能で，誤差が生じる。また，実際にこの部品を使用する場合には，多少の誤差や寸法差があっても機能上差し支えないことが多い。それなら，はじめから使用上差し支えない程度の寸法の許容差の範囲を示しておけば，加工も楽になり，経費の節減にもなる。

　加工や製作に当たって，機能上許される寸法の範囲，つまり最大許容寸法と最小許容寸法を決めて，製品の寸法がその範囲内に収まるようにつくれば，寸法のばらつきも制限されて，十分機能を満足する製品寸法が得られる。このとき，最大許容寸法と最小許容寸法との差，すなわち，上の寸法許容差と下の寸法許容差との差を**寸法公差**という。

(1) 寸法公差

　寸法公差は数値又は記号によって表されるが，その許容の範囲を決めるのに，次のような基本的な用語がある。

基準寸法：寸法の許容限界の基本となる寸法。軸や穴の場合は，その直径を表す寸法。
実　寸　法：測定によって得られた寸法。つまり実際に仕上げられた寸法。
許容限界寸法：許容範囲を表す大小二つの限界を示す寸法。この場合，大きい方の寸法を**最大許容寸法**，小さい方の寸法を**最小許容寸法**という。
基　準　線：寸法の許容限界及びはめあいを図示するときに，基準寸法を表し，寸法許容差及び寸法公差の基準となる直線。
　　　　　　　便宜上，基準線は，正の寸法許容差が上に，負の寸法許容差が下になるよ

うに水平に引く。

上の寸法許容差：最大許容寸法と対応する基準寸法との差。
下の寸法許容差：最小許容寸法と対応する基準寸法との差。
公差等級：寸法公差及びはめあいの方式では，すべての基準寸法に対して同一水準に属する寸法公差の一群，例えば，ＩＴ７（表３－７及び91～92ページ参照）。
公差域：寸法公差の簡略化した図において，寸法公差の大きさと基準線に対する位置とによって，定まる最大許容寸法と最小許容寸法とを表す２本の直線の間の領域。
公差域クラス（寸法公差記号）：公差域の位置と公差等級との組合せに用いる用語。例えば，ｈ９[*1]，Ｍ６[*2]など。

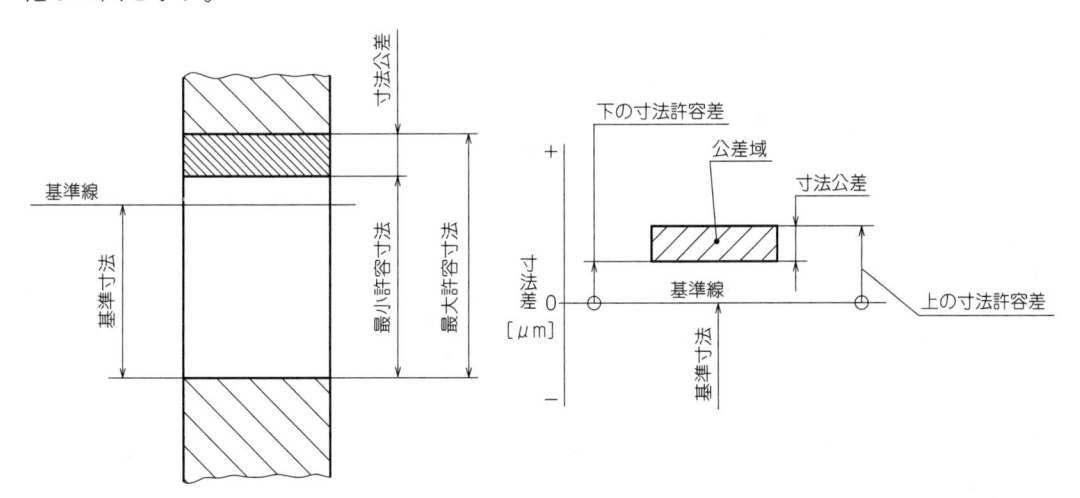

図３－131に基準寸法，最大許容寸法及び最小許容寸法を，図３－132に公差域の簡略化した図を示す。

　　図３－131　基準寸法，最大許容寸法　　　　図３－132　公差域の簡略化した図
　　　　　　　及び最小許容寸法

（２）はめあい

　機械部品には，軸と軸受，キーとキー溝のように互いにはめ合う関係のものが多い。それにも，打込みや圧入によってしっかり固定されるもの，しっくりはまり合い，がたつきがなく，滑らかに回転したり，しゅう動したりするものなど，その機能に応じたいろいろな組合せがある。

　このように，はめ合う二つの部品（形体）を組み合わせる前の寸法の差から生じる関係

＊１　ｈ９：表３－12（94ページ）参照。
＊２　Ｍ６：表３－13（94ページ）参照。

をはめあいといい，互いの関係寸法をどのように選ぶかを決めるのがはめあい方式である。

a．はめあいの種類

軸と穴がはまり合うとき，穴の直径に対して軸が細ければすきまができ，軸が太ければしめしろができる。このように，穴と軸の寸法の大小によって，はめあいの状態は変わってくる（図3－133）。これは，二つの部品がはめ合わされるとき，はめ合わされる前の寸法の差によって生じる関係で，次の3種類がある。

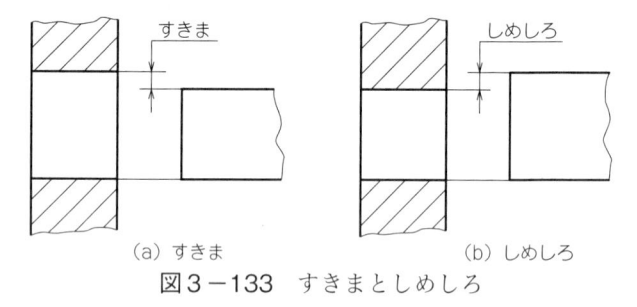

（a）すきま　　　　　（b）しめしろ

図3－133　すきまとしめしろ

（a）すきまばめ

穴と軸とを組み立てたときに常にすきまのできるはめあい。すなわち穴の最小許容寸法が軸の最大許容寸法よりも大きいか，又は極端な場合には等しい。

すきまは，穴の最大許容寸法と軸の最小許容寸法との差を**最大すきま**といい，穴の最小許容寸法と軸の最大許容寸法との差を**最小すきま**という（図3－134（a），図3－135（a））。

（b）しまりばめ

穴と軸とを組み立てたときに，常にしめしろができるはめあい。すなわち穴の最大許容寸法が軸の最小許容寸法よりも小さいか，又は極端な場合には等しい。

しめしろは，穴の最小許容寸法と軸の最大許容寸法との差を**最大しめしろ**といい，穴の最大許容寸法と軸の最小許容寸法との差を**最小しめしろ**という（図3－134（b），図3－135（b））。

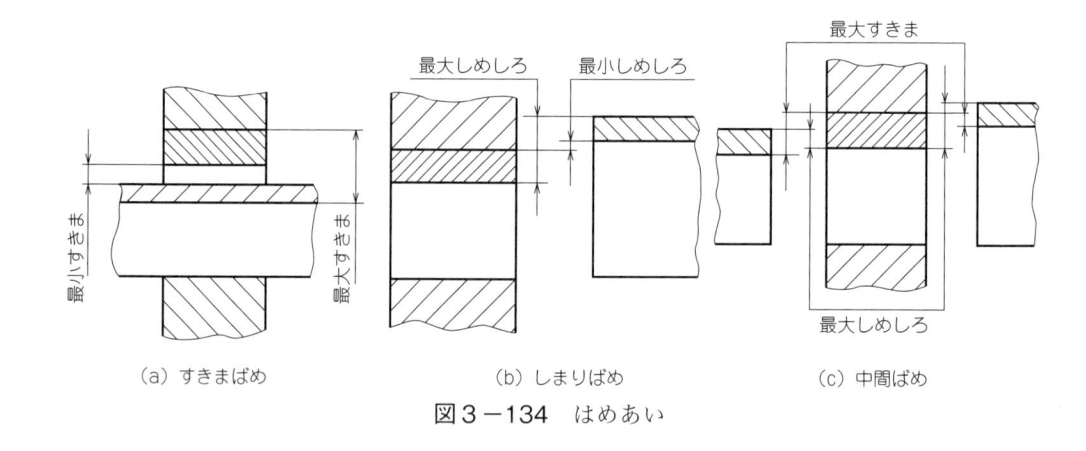

（a）すきまばめ　　　　　（b）しまりばめ　　　　　（c）中間ばめ

図3－134　はめあい

(a) すきまばめの図式表示
(b) しまりばめの図式表示
(c) 中間ばめの図式表示

図3−135 図式表示

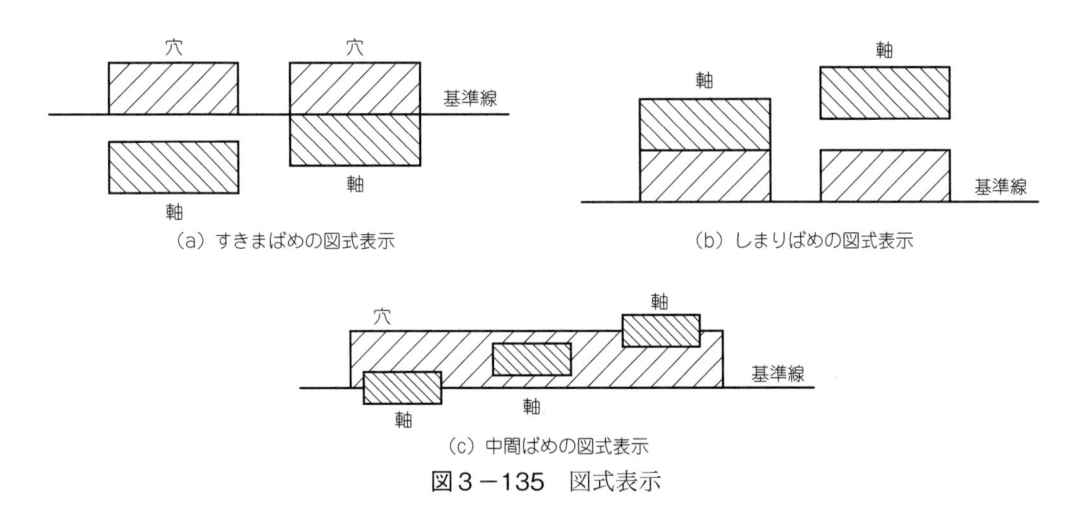

(c) 中間ばめ

穴と軸とを組み立てたときに，実寸法によってすきま又はしめしろのどちらかができるはめあい。すなわち穴と軸との公差域が全体又は部分的に重なり合う（図3−134(c)，図3−135(c)）。

b．穴と軸の種類

基準寸法の穴に対して，はまり合う軸の直径が小さい場合はすきまとなり，大きい場合はしめしろとなる。同様に，基準寸法の軸にはまり合う穴の場合も，その穴の大小によってすきまやしめしろができる。

はめあいにおいて，すきまをもたせるか，しめしろを付けるか，また，そのすきまやしめしろの大きさを決めるのが**基礎となる寸法許容差**（表3−7，表3−8）である。

表3−7 穴の場合の基礎となる寸法許容差の数値（JIS B 0401−1：1998抜粋）［μm］

基準寸法 [mm]		基礎となる寸法許容差の数値												
		下の寸法許容差					上の寸法許容差							
		すべての公差等級					IT6	IT7	IT8	IT8以下	IT8を超える場合	IT8以下	IT8を超える場合	IT8以下	IT8を超える場合
を超え	以下	E	EF	F	FG	G	H	J			K		M		N
−	3	+14	+10	+6	+4	+2	0	+2	+4	+6	0	0	−2	−2	−4	−4
3	6	+20	+14	+10	+6	+4	0	+5	+6	+10	−1+⊿		−4+⊿	−4	−8+⊿	0
6	10	+25	+18	+13	+8	+5	0	+5	+8	+12	−1+⊿		−6+⊿	−6	−10+⊿	0
10	14	+32		+16		+6	0	+6	+10	+15	−1+⊿		−7+⊿	−7	−12+⊿	0
14	18															
18	24	+40		+20		+7	0	+8	+12	+20	−2+⊿		−8+⊿	−8	−15+⊿	0
24	30															
30	40	+50		+25		+9	0	+10	+14	+24	−2+⊿		−9+⊿	−9	−17+⊿	0
40	50															
50	65	+60		+30		+10	0	+13	+18	+28	−2+⊿		−11+⊿	−11	−20+⊿	0
65	80															
80	100	+72		+36		+12	0	+16	+22	+34	−3+⊿		−13+⊿	−13	−23+⊿	0
100	120															

表3－8　軸の場合の基礎となる寸法許容差の数値（JIS B 0401－1：1998抜粋）［μm］

基準寸法[mm]		基礎となる寸法許容差の数値										
		上の寸法許容差						下の寸法許容差				
		すべての公差等級						IT5及びIT6	IT7	IT8	IT4～IT7	IT3以下及びIT7を超える場合	すべての公差等級	
を超え	以下	e	ef	f	fg	g	h	j			k		m	n
－	3	－14	－10	－6	－4	－2	0	－2	－4	－6	0	0	＋2	＋4
3	6	－20	－14	－10	－6	－4	0	－2	－4		＋1	0	＋4	＋8
6	10	－25	－18	－13	－8	－5	0	－2	－5		＋1	0	＋6	＋10
10	14	－32		－16		－6	0	－3	－6		＋1	0	＋7	＋12
14	18													
18	24	－40		－20		－7	0	－4	－8		＋2	0	＋8	＋15
24	30													
30	40	－50		－25		－9	0	－5	－10		＋2	0	＋9	＋17
40	50													
50	65	－60		－30		－10	0	－7	－12		＋2	0	＋11	＋20
65	80													
80	100	－72		－36		－12	0	－9	－15		＋3	0	＋13	＋23
100	120													

　図3－136に示すように，基礎となる寸法をもとにして，基準寸法よりも大きい穴であるか，小さい穴であるか，又は太い軸であるか，細い軸であるかを決めることによって，軸や穴の種類の記号が変わってくる。

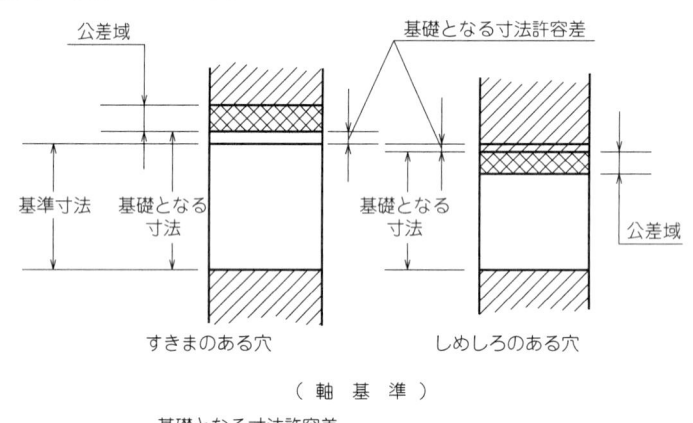

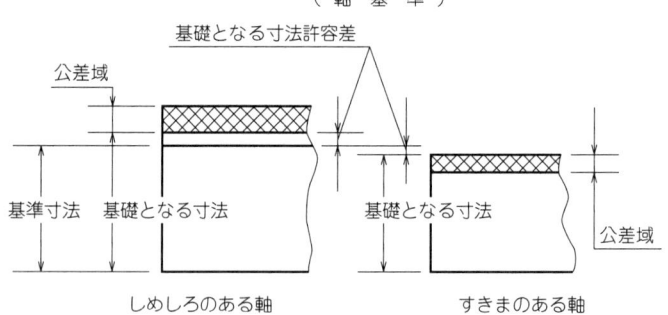

図3－136　基準寸法と基礎となる寸法の関係

穴や軸の種類にはアルファベットの記号を用い，**穴は大文字，軸は小文字**によって表される。

記号による穴や軸の種類は，基礎となる寸法が基準寸法と一致する点をそれぞれH及びhと定める。穴ではAの方に近づくに従って大きくなり，Zの方に近づくに従って小さくなる（図3-137(a)）。また，軸ではこれと反対にaの方に近づくに従って細くなり，zの方に近づくに従って太くなる（図(b)）。

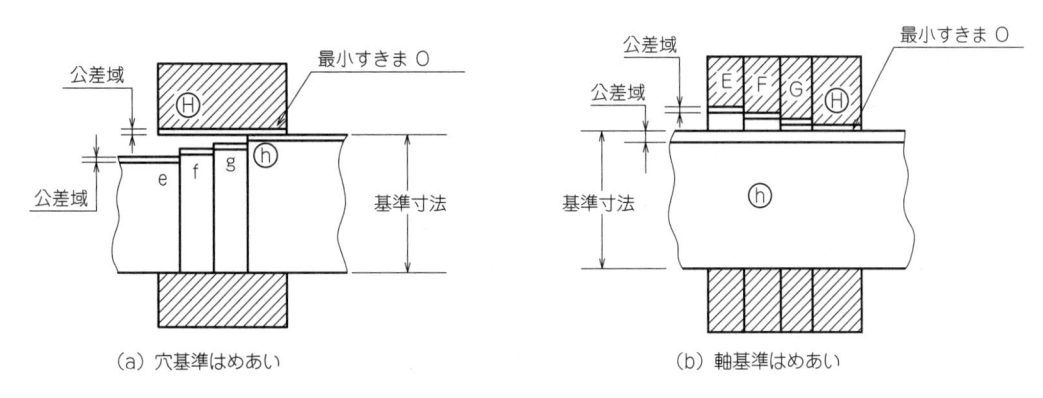

（a）穴基準はめあい　　　　　　　　　（b）軸基準はめあい

図3-137　穴・軸の種類とすきまの関係（すきまばめの場合）

記号で示された穴や軸は，その記号によって基準寸法に対して最小のすきま又は最小のしめしろを保証するものである。

また，軸や穴の寸法には，それぞれ寸法公差が与えられるから，等級によって決まる公差域の大小によって，最大すきま，最大しめしろが決まる。

基礎になる寸法許容差の例（直径30～40mm）（表3-7，表3-8（89，90ページ）参照）

$$\begin{pmatrix} 穴の記号によって決 \\ まる基礎となる寸法 \end{pmatrix} \qquad \begin{pmatrix} 軸の記号によって決 \\ まる基礎となる寸法 \end{pmatrix}$$

E	+0.050	e	−0.050
F	+0.025	f	−0.025
G	+0.009	g	−0.009
H	0	h	0

c．穴と軸の等級

穴や軸に与える寸法公差は要求の精度によって等級で表す。等級にはIT基本公差の値（表3-9）が用いられる。

製図の基礎

ＩＴは，国際規格ISO Toleranceの略号で，ＩＴ１からＩＴ18までの18等級がある。

ここでは，基準寸法120mmまでの例を示す。

d．表　示

公差付き寸法は，必要な公差域クラスの表示又は明確な寸法許容差を基準寸法の後に続けて表示する。

例　32Ｈ７　100ｇ６　100$_{-0.034}^{-0.012}$

公差域クラスを使って表示する場合は，次の三つの部分によって成り立っていると考えるのがよい。

	①	②	③
	基準寸法	穴・軸の種類と公差域の位置	公差等級
	35	G又はg	7

表３－９　120mmまでの基準寸法に対する公差等級ＩＴの数値（JISB0401－１：1998抜粋）

基準寸法 [mm]		公差等級					
を超え	以下	IT5	IT6	IT7	IT8	IT9	IT10
		公差 [μm]					
－	3	4	6	10	14	25	40
3	6	5	8	12	18	30	48
6	10	6	9	15	22	36	58
10	18	8	11	18	27	43	70
18	30	9	13	21	33	52	84
30	50	11	16	25	39	62	100
50	80	13	19	30	46	74	120
80	120	15	22	35	54	87	140

いま，40Ｈ７の穴と40ｇ６の軸がはめ合う（図３－138）とすると，はめあいの関係は次のようになり，基準寸法40mmの穴にはめ合うすきまばめであることになる（表３－10，表３－11）。

表３－10　穴に対する寸法許容差（JIS B 0401－２：1998抜粋）　　　［μm］

基準寸法 [mm]		E			F		G		H				
を超え	以下	7	8	9	6	7	6	7	6	7	8	9	10	11
－	3	+24 +14	+28 +14	+39 +14	+12 +6	+16 +6	+8 +2	+12 +2	+6 0	+10 0	+14 0	+25 0	+40 0	+60 0
3	6	+32 +20	+38 +20	+50 +20	+18 +10	+22 +10	+12 +4	+16 +4	+8 0	+12 0	+18 0	+30 0	+48 0	+75 0
6	10	+40 +25	+47 +25	+61 +25	+22 +13	+28 +13	+14 +5	+20 +5	+9 0	+15 0	+22 0	+36 0	+58 0	+90 0
10	18	+50 +32	+59 +32	+75 +32	+27 +16	+34 +16	+17 +6	+24 +6	+11 0	+18 0	+27 0	+43 0	+70 0	+110 0
18	30	+61 +40	+73 +40	+92 +40	+33 +20	+41 +20	+20 +7	+28 +7	+13 0	+21 0	+33 0	+52 0	+84 0	+130 0
30	50	+75 +50	+89 +50	+112 +50	+41 +25	+50 +25	+25 +9	+34 +9	+16 0	+25 0	+39 0	+62 0	+100 0	+160 0
50	80	+90 +60	+106 +60	+134 +60	+49 +30	+60 +30	+29 +10	+40 +10	+19 0	+30 0	+46 0	+74 0	+120 0	+190 0
80	120	+107 +72	+126 +72	+159 +72	+58 +36	+71 +36	+34 +12	+47 +12	+22 0	+35 0	+54 0	+87 0	+140 0	+220 0

（注）　上段は上の寸法許容差，下段は下の寸法許容差。

表3－11　軸に対する寸法許容差（JIS B 0401－2：1998抜粋）　　　［μm］

基準寸法[mm]		e			f		g			h				
を超え	以下	7	8	9	6	7	6	7	8	5	6	7	8	9
－	3	－14 －24	－14 －28	－14 －39	－6 －12	－6 －16	－2 －8	－2 －12	－2 －16	0 －4	0 －6	0 －10	0 －14	0 －25
3	6	－20 －32	－20 －38	－20 －50	－10 －18	－10 －22	－4 －12	－4 －16	－4 －22	0 －5	0 －8	0 －12	0 －18	0 －30
6	10	－25 －40	－25 －47	－25 －61	－13 －22	－13 －28	－5 －14	－5 －20	－5 －27	0 －6	0 －9	0 －15	0 －22	0 －36
10	18	－32 －50	－32 －59	－32 －75	－16 －27	－16 －34	－6 －17	－6 －24	－6 －33	0 －8	0 －11	0 －18	0 －27	0 －43
18	30	－40 －61	－40 －73	－40 －92	－20 －33	－20 －41	－7 －20	－7 －28	－7 －40	0 －9	0 －13	0 －21	0 －33	0 －52
30	50	－50 －75	－50 －89	－50 －112	－25 －41	－25 －50	－9 －25	－9 －34	－9 －48	0 －11	0 －16	0 －25	0 －39	0 －62
50	80	－60 －90	－60 －106	－60 －134	－30 －49	－30 －60	－10 －29	－10 －40	－10 －56	0 －13	0 －19	0 －30	0 －46	0 －74
80	120	－72 －107	－72 －126	－72 －159	－36 －58	－36 －71	－12 －34	－12 －47	－12 －66	0 －15	0 －22	0 －35	0 －54	0 －87

（注）　上段は上の寸法許容差，下段は下の寸法許容差。

穴　　　<u>40</u>　　　　　<u>H</u>　　　　　　　　<u>7</u>　　　　　　　<u>寸法</u>
　　　　基準寸法　　基礎となる寸法　　ＩＴ基本公差　　$40^{+0.025}_{0}$
　　　　　　　　　　許容差 0　　　　　　0.025

軸　　　<u>40</u>　　　　　<u>g</u>　　　　　　　　<u>6</u>　　　　　　　<u>寸法</u>
　　　　基準寸法　　基礎となる寸法　　ＩＴ基本公差　　$40^{-0.009}_{-0.025}$
　　　　　　　　　　許容差－0.009　　　0.016

最小すきま＝穴の最小寸法－軸の最大寸法
　　　　　　＝ 0 －（－0.009）＝ 0.009

最大すきま＝穴の最大寸法－軸の最小寸法
　　　　　　＝＋0.025 －（－0.025）＝ 0.05

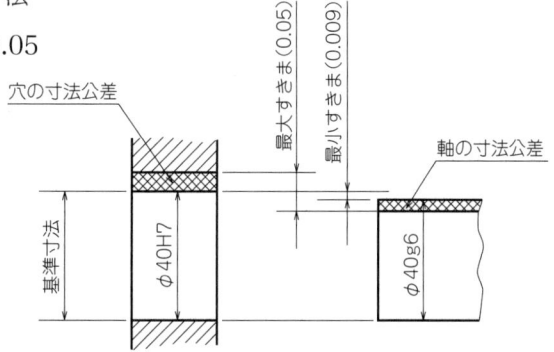

図3－138　40H7／g6のはめあい

e．穴基準と軸基準

はめ合わされる二つの部品では，どちらか一方を基準にして他方の寸法を決めるのが普通である。この場合，穴を基準にするときを**穴基準はめあい**，軸を基準にするときを**軸基準はめあい**という。基準とする穴の種類はH，基準とする軸の種類はhとする。H，hは，ともに基礎となる寸法許容差は0で，基準寸法に一致しているから，これに対して必要なすきま又はしめしろを得るように他方を決める。

このように，穴基準と軸基準の二つの基準の取り方があるが，そのどちらを用いても差し支えない。しかし，一般に穴を加工するよりも，軸を加工する方が加工や測定が容易である。このため基準寸法の穴に対して各種の寸法の軸をはめ合わせる穴基準のはめあいが多く用いられている。ただし，1本の伝動軸に継手，プーリ，軸受などの部品がはまるような場合は，軸基準の方が有利なこともある。

表3-12　多く用いられる穴基準はめあい（JIS B 0401-1：1998付属書1抜粋）

基準穴	軸の公差域クラス							
	すきまばめ			中間ばめ			しまりばめ	
			g 5	h 5	j s 5	k 5	m 5	
H 6		f 6	g 6	h 6	j s 6	k 6	m 6	
H 7		f 6	g 6	h 6	j s 6	k 6	m 6	n 6
	e 7	f 7		h 7	j s 7			
H 8		f 7		h 7				
	e 8	f 8		h 8				
	e 9							
H 9	e 8			h 8				
	e 9			h 9				

表3-13　多く用いられる軸基準はめあい（JIS B 0401-1：1998付属書1抜粋）

基準軸	穴の公差域クラス							
	すきまばめ			中間ばめ			しまりばめ	
		F 6	G 6	H 6	J S 6	K 6	M 6	N 6
h 6		F 7	G 7	H 7	J S 7	K 7	M 7	N 7
h 7	E 7	F 7		H 7				
		F 8		H 8				
h 8	E 8	F 8		H 8				
	E 9			H 9				
h 9	E 8			H 8				
	E 9			H 9				

穴と軸のはめあいは，必要に応じて任意に組み合わせて使用できるが，基準穴又は基準軸に対し工業界で多く用いられるはめあいの表を，JISでは附属書（参考）として提示している（表3－12，表3－13）。

f．穴・軸の寸法許容差と表の見方

公差域の位置によって表された穴と軸の基礎となる寸法許容差を表3－7，表3－8に示したとおりである。

穴又は軸の寸法は，基準寸法に対してこの基礎となる寸法と，公差等級（表3－9）により，与えられる寸法差の組合せによって，最大許容寸法と最小許容寸法が決まる。

穴や軸の種類と等級によって，いちいちこれを組み合わせて寸法数値を得るのはめんどうなことである。このため，常用するはめあいの穴と軸のそれぞれの寸法許容差の数値を示したものが表3－10及び表3－11である。

実際には，G，H又はg，hなどの記号によって表された穴や軸の寸法数値は，この表によって知ることができる。すなわち，横軸の記号による種類と，縦軸の寸法区分による各欄の数値は，穴の場合は下段が基礎となる寸法許容差（数値が一つで示されているもの），上段がこれに等級による寸法公差を加えた最大寸法であることを示している。また，軸の場合は上段が基礎となる寸法許容差，下段がこれに等級による寸法公差を加えた最小寸法であることを示している。

（3）寸法の許容限界記入方法

寸法許容差は，基準寸法と同じ単位で表す。一つの基準寸法に対し，二つの寸法許容差を示す場合には，小数点以下のけた数をそろえて記入する。ただし，寸法許容差の一方が零のときを除く。

a．長さ寸法の許容限界の記入方法

（a）記号による方法

① 寸法公差付き寸法は，基準寸法の次に公差域クラス（寸法公差記号）（図3－139（a））を記入する。

② 公差域クラスの記号に加えて寸法許容差（図(b)）又は許容限界寸法（図(c)）を示す必要がある場合には，それらに括弧を付けて付記する。

③ 穴（内側形体）か軸（外側形体）かにかかわりなく，上の寸法許容差又は最大許容寸法を上の位置に，下の寸法許容差又は最小許容寸法を下の位置に記入する。

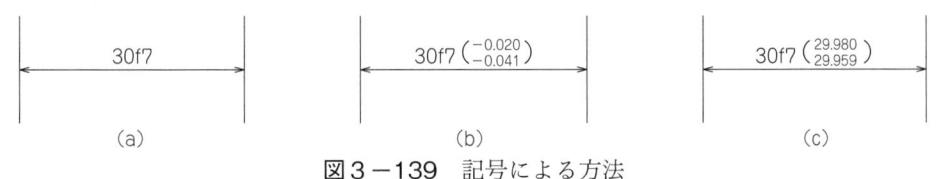

図3－139　記号による方法

（b）寸法許容差による方法

① 公差付き寸法は，基準寸法の次に寸法許容差を記入する（図3－140）。

② いずれか一方の寸法許容差が零のときには，数字0で示すのがよい（図(b)）。

③ 上・下の寸法許容差が基準寸法に対して対称のときには，寸法許容差の数値を一つだけ示し，数値の前に±の記号を付けるのがよい（図(c)）。

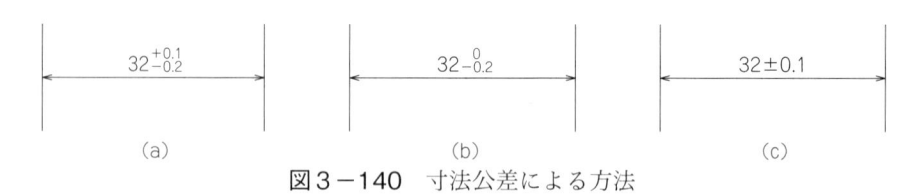

図3－140　寸法公差による方法

（c）許容限界寸法による方法

① 許容限界寸法を，最大許容寸法と最小許容寸法とで示してもよい（図3－141(a)）。

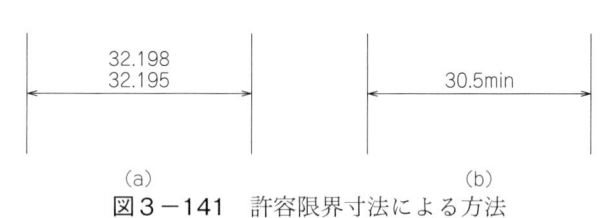

② 寸法を最大又は最小のいずれか一方向だけ許容する必要があるときには，寸法数値に"min"又は"max"を付記するのがよい（図(b)）。

図3－141　許容限界寸法による方法

b．組立部品の寸法許容限界の記入方法

（a）記号による方法

① 基準寸法を一つだけ書き，それに続けて穴の公差域クラスを，軸の公差域クラスの前（図3－142(a)）又は上側（図(b)）に記入する。

② 寸法許容差の数値を指示する必要があるときには，括弧を付けて付記するのがよい（図(c)）。

③ 簡略化のために，1本の寸法線だけを使って指示してもよい（図3－143(a)参照）。

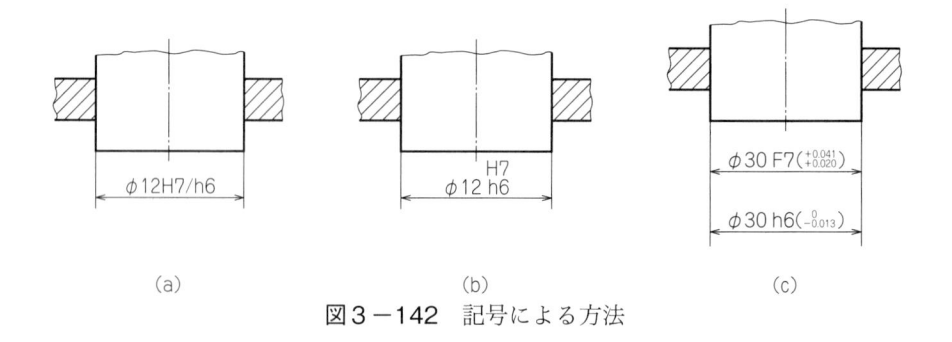

図3－142　記号による方法

(b) 数値による寸法許容限界の場合の方法

組立部品の各構成部品に対する寸法は，その構成部品の名称（図3－143(a)）又は照合番号（図(b)）に続けて示す。いずれの場合にも，穴の寸法を軸の寸法の上側に記入する。

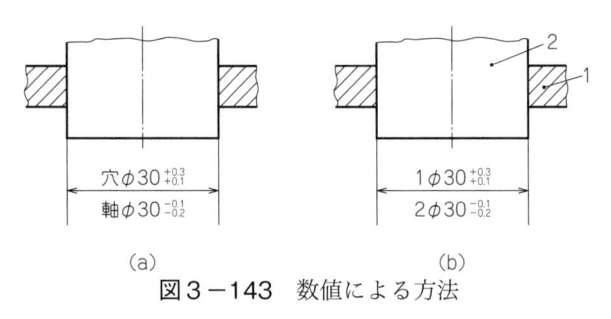

図3－143 数値による方法

c．角度寸法の許容限界の記入方法

① 長さ寸法の許容限界の記入方法についての規定を同様に適用する。ただし，許容差はもちろんのこと，角度の基準寸法及びその端数の単位は，必ず記入しなければならない。

② 角度許容差が，分単位又は秒単位だけのときには，それぞれ0°又は0°0′を数値の前に付ける。図3－144(a)は，角度許容差を指示した例，図(b)，図(c)は，基準角度に対して許容差が対称のときの例，図(d)は，許容限界を指示した例である。

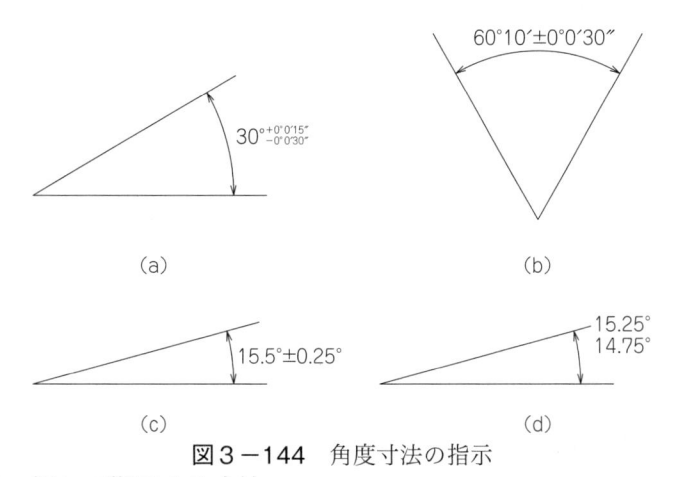

図3－144 角度寸法の指示

d．許容限界を一括して指示する方法

機能上特別な精度を要求されない寸法については，個々の寸法に許容限界を記入しないで，次のいずれかの方法によって図面内，表題欄の中又はその付近に一括して示す。

① 各寸法の区分に対する普通公差の数値の表を示す。

② 規格の番号・等級などによって示す。

例：個々に公差の指示がない長さ寸法及び角度寸法に対する公差（JIS B 0405）
③ 特定の許容差の値を示す。
例：寸法公差を指示してない寸法の許容差は±0.25とする。

寸法の普通公差とは，仕様書，図面などにおいて，特に精度が要求されない寸法に適用されるものである。これには，削り加工，鋳造加工，鍛造加工などの加工方法ごとに規定されている。

表3−14，表3−15に一般の長さ寸法，面取り部分の長さ寸法及び角度寸法の許容差を示す。

表3−14 面取り部分を除く長さ寸法に対する許容差
（JIS B 0405：1991抜粋）[mm]

公差等級		基準寸法の区分			
記号	説明	0.5*以上 3以下	3を超え 6以下	6を超え 30以下	30を超え 120以下
		許容差			
f	精級	±0.05	±0.05	±0.1	±0.15
m	中級	±0.1	±0.1	±0.2	±0.3
c	粗級	±0.2	±0.3	±0.5	±0.8
v	極粗級	−	±0.5	±1	±1.5

表3−15 角度寸法の許容差（JIS B 0405：1991抜粋）

公差等級		対象とする角度の短い方の辺の長さ（単位mm）の区分		
記号	説明	10以下	10を超え 50以下	50を超え 120以下
		許容差		
f	精級	±1°	±30′	±20′
m	中級			
c	粗級	±1°30′	±1°	±30′
v	極粗級	±3°	±2°	±1°

e．公差が累積する場合の記入方法

（a）部品又は構成部品のある部分及び空間が対象物の機能上必要とする寸法と許容限界は，その寸法の必要なところに直接記入する。図3−145(a)，(b)の15±0.01が機能上要求される場合，図(c)のように間接的に記入して要求を満たそうとすると，25と40の寸法は図示のように，非常に厳しい公差が要求されることになる。

したがって15±0.01を満たすためには25±0.005，40±0.005の公差が要求される（図(d)）。

＊：0.5mm未満の基準寸法に対しては，その基準寸法に続けて許容差を個々に指示する。

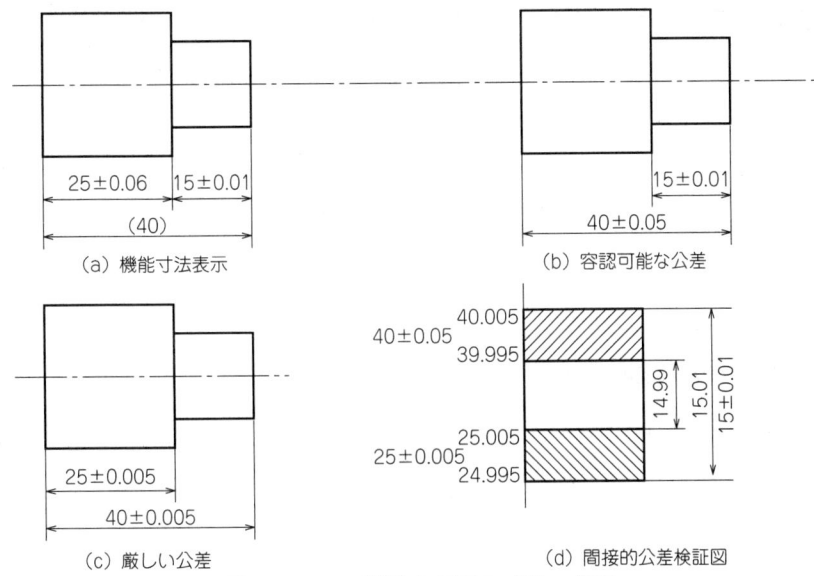

(a) 機能寸法表示 　(b) 容認可能な公差

(c) 厳しい公差 　(d) 間接的公差検証図

図3−145　機能上必要な寸法の指示

（b）複数個の関連する寸法に許容限界を指示する場合

① 直列寸法記入法で記入するときは，寸法公差が累積するので，この方法は公差の累積が機能に関係がないときだけ用いるようにする（図3−146(a)，(b)）。

② 重要度が少ない寸法は，記入しないか，括弧を付けて参考寸法として用いる（図(c)）。

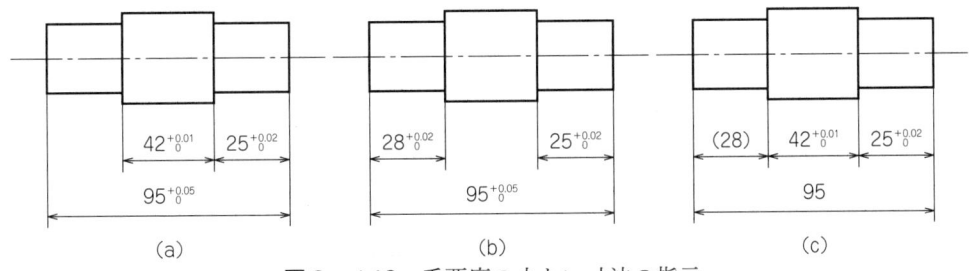

図3−146　重要度の少ない寸法の指示

③ 並列寸法記入法又は累進寸法記入法では，他の寸法公差に影響を与えない。

この場合，共通側の寸法補助線の位置又は寸法の起点の位置は，機能・加工などの条件を考えて，適切に選ぶ（図3−147）。

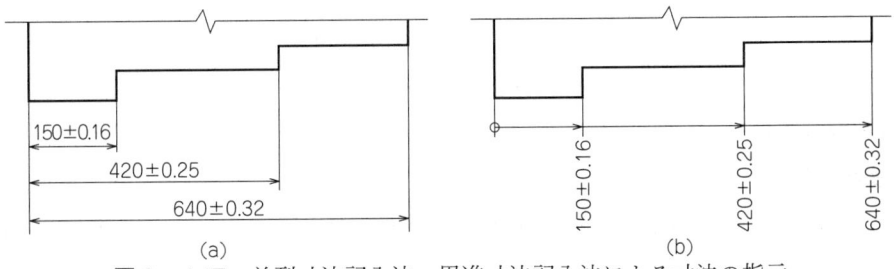

図3−147　並列寸法記入法，累進寸法記入法による寸法の指示

5．2　幾何公差の図示方法

機械部品に互換性や機能上の面から一段と高い精度が必要な場合は，寸法公差だけでなく，形状や位置などの精度についても，図面上に示す必要がある。

JIS B 0021では，これらの形状，姿勢，位置及び振れの許容値を総称して**幾何公差**という。形状，姿勢，位置及び振れを規制する特性を**幾何特性**という。

幾何公差の種類と幾何特性の記号を表3－16に示す。また，幾何公差に付随して用いる付加記号を，表3－17に示す。

表3－16　幾何公差の種類と幾何特性に用いる記号（JIS B 0021：1998抜粋）

公差の種類	特性	記号
形状公差	真直度	—
	平面度	▱
	真円度	○
	円筒度	⌭
	線の輪郭度	⌒
	面の輪郭度	⌓
姿勢公差	平行度	∥
	直角度	⊥
	傾斜度	∠
	線の輪郭度	⌒
	面の輪郭度	⌓
位置公差	位置度	⊕
	同心度（中心点に対して）	◎
	同軸度（軸線に対して）	◎
	対称度	≡
	線の輪郭度	⌒
	面の輪郭度	⌓
振れ公差	円周振れ	↗
	全振れ	⌰

表3－17　付加記号（JIS B 0021：1998抜粋）

説　　明	記　号
公差付き形体指示	(図記号)
データム指示	A　A
データムターゲット	φ2/A1
理論的に正確な寸法	50

（1）公差の図示方法

a．公差記入枠

要求事項は，二つ又はそれ以上に分割した長方形の枠の中に記入する。これらの区画に

は，左から右へ次の順序で記入する（図3－148）。

① 幾何特性に用いる記号
② 長さの単位寸法に使用した単位での公差値
　この値は，公差域が円筒形又は円であるならば記号φを，公差域が球であるならば記号Sφをその公差値の前に付ける。
③ 必要ならば，データム[*1]又はデータム系[*2]を示す文字記号（図(b)，図(c)）

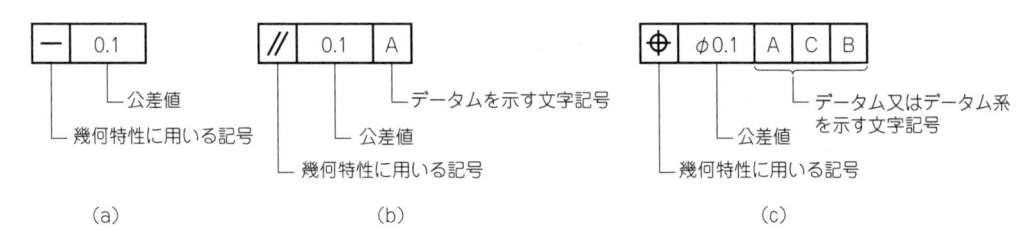

図3－148　公差による指示①

また，公差が二つ以上の形体に適用する場合には，記号"×"を用いて形体の数を公差記入枠の上側に指示し（図3－149(a)，(b)），公差域内にある形体の形状の品質の指示をする必要がある場合には，公差記入枠の付近に記入する（図(c)）。

なお，一つの形体に対して二つ以上の公差を指定する必要がある場合には，公差指示は便宜上一つの公差記入枠の下側に公差記入枠を付けて示してもよい。この場合，複数の公差指示に矛盾があってはならない（図(d)）。

図3－149　公差による指示②

b．公差付き形体

公差付き形体は，公差記入枠の右側又は左側から引き出した指示線によって，次の方法で公差付き形体に結び付けて示す。

① 線又は表面自身に公差を指示する場合には，形体の外形線上又は外形線の延長線上（寸法線の位置と明確に離す）に指示する（図3－150(a)，(b)）。指示線の矢は，実際の表面に点を付けて引き出した引出線上に当ててもよい（図(c)）。

---

*1　データム：形体の姿勢公差，位置公差，揺れ公差などを規制するために設定した理論的に正確な幾何学的水準
*2　データム系：一つの関連形体の基準とするために，個別に二つ以上のデータムを組み合わせて用いる場合のデータムのグループ

製図の基礎

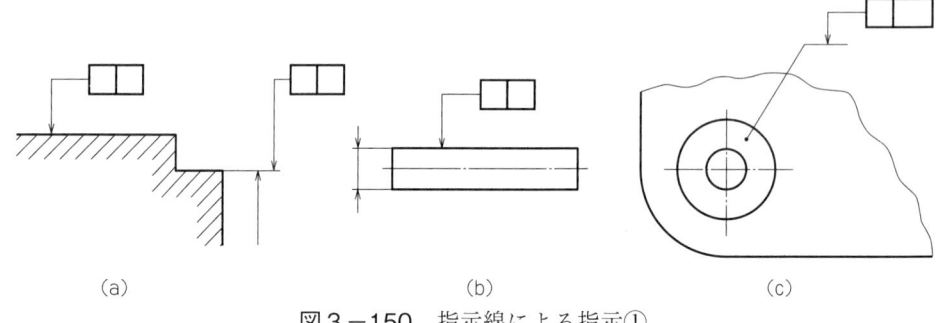

(a)　　　　　　　　　　(b)　　　　　　　　　　(c)

図3－150　指示線による指示①

② 寸法を指示した形体の軸線（図3－151(a)）又は中心平面（図(b)）若しくは一点に公差を指示する場合（図(c)）には，寸法線の延長線上が指示線になるように指示する。

(a)　　　　　　　　　(b)　　　　　　　　　(c)

図3－151　指示線による指示②

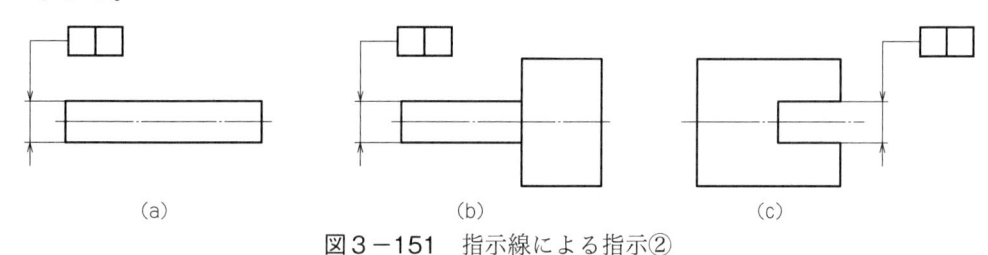

表3－18に幾何公差の公差域の定義，指示方法及び説明を示す。

表3－18　幾何公差の図示例とその公差域（JIS B 0021：1998抜粋）

公差域の定義欄で用いている線は，次の意味を表している。
　太い実線又は破線：形体　　　細い実線又は破線：公差域
　太い一点鎖線：データム　　　細い一点鎖線：中心線

[mm]

記号	公差域の定義	指示方法及び説明
	1　真直度公差	
―	対象とする平面内で，公差域は t だけ離れ，指定した方向に，平行二直線によって規制される。	上側表面上で，指示された方向における投影面に平行な任意の実際の（再現した）線は，0.1だけ離れた平行二直線の間になければならない。
	公差値の前に記号 ϕ を付記すると，公差域は直径 t の円筒によって規制される。	公差を適用する円筒の実際の（再現した）軸線は，直径0.08の円筒公差域の中になければならない。

	2　平面度公差	
	公差域は，距離 t だけ離れた平行二平面によって規制される。	実際の（再現した）表面は，0.08だけ離れた平行二平面の間になければならない。

	3　円筒度公差	
	公差域は，距離 t だけ離れた同軸の二つの円筒によって規制される。	実際の（再現した）円筒表面は，半径距離で0.1だけ離れた同軸の二つの円筒の間になければならない。

	4　データム平面に関連した表面の平行度公差	
	公差域は，距離 t だけ離れ，データム平面に平行な平行二平面によって規制される。	実際の（再現した）表面は，0.01だけ離れ，データム平面Dに平行な平行二平面の間になければならない。

	5　データム直線に関連した表面の直角度公差	
	公差域は，距離 t だけ離れ，データムに直角な平行二平面によって制限される。	実際の（再現した）表面は，0.08だけ離れ，データム軸直線Aに直角な平行二平面の間になければならない。

第6節　材料の表示法

　製品をつくるための材料には，多くの種類がある。図面に材料を示すには，部品図又は部品表の材料欄に所定の記号を用いて記入する。

製図の基礎

　JISでは，鉄鋼及び非鉄金属について，材質，機械的性質，製造方法などを規定し，これらの材料は記号で表すことにしている。この材料記号を用いれば製品の材料を正確に示すことができ，設計者はもちろん製作者も材料記号を一目見てそれがどんな材料であるかが分かる。

6．1　鉄鋼記号の表し方

（1）鉄鋼材料の分類

　鉄鋼材料の規格は，まず鉄と鋼に大別し，さらに鉄は銑鉄，合金鉄及び鋳鉄に，鋼は普通鋼，特殊鋼及び鋳鍛鋼に分類している。

　なお，普通鋼は棒鋼，形鋼，厚板，薄板，線材及び線のように形状別，特殊鋼は強じん鋼，工具鋼，特殊用途鋼のように性状別に分類している。鉄鋼材料の分類を図3－152に示す。

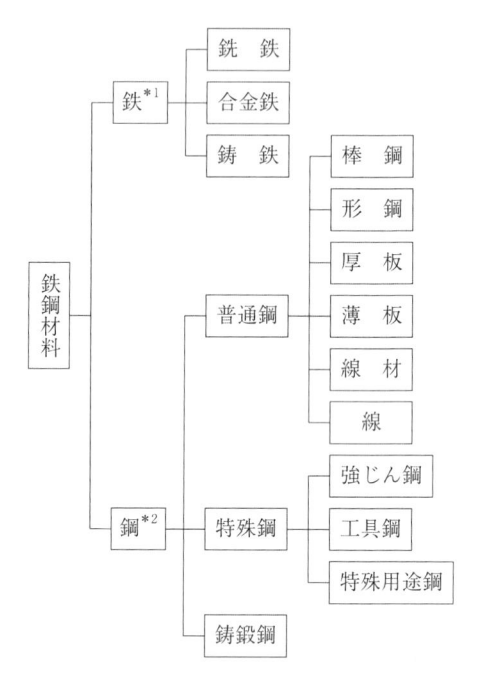

図3－152　鉄鋼材料の分類

（2）鉄鋼記号の構成

　鉄鋼記号は，基本的に次の三つの部分から成り立っている。

①	②	③	
材質	規格又は製品名	種類	
S	S	400	一般構造用圧延鋼材
F	C	200	ねずみ鋳鉄品3種

① 最初の部分は材質を表し，英語又はラテン文字の頭文字，若しくは元素記号を用いる。

　鉄鋼材料の場合は，この最初の部分にはS（鋼；Steel）又はF（鉄；Ferrum）の記号で始まるものが大部分である。

② 2番目の部分は，英語又はラテン文字の頭文字を使って，棒，板，管，線，鋳造品など，製品の形状別の種類や用途を表した記号を組み合わせて製品名を表す。

　記号の主なものを表3－19に示す。

＊1：鉄はF（Ferrum：フェルム）で表されるグループ
＊2：鋼はS（Steel：スチール）で表されるグループ

表3－19　主な鉄鋼材料の第2位の記号

記号	規格名称	英語・元素記号・他
S	一般構造用圧延鋼材	Structure
M	溶接構造用圧延鋼材	Marine
NC	ニッケルクロム鋼	Nickel Chromium
NCM	ニッケルクロムモリブデン鋼	Nickel Chromium Molybdenum
Cr	クロム鋼	Chromium
CM	クロムモリブデン鋼	Chromium Molybdenum
US	ステンレス鋼	Use Stainless
K	工具鋼	K：工具
KH	高速度工具鋼	K：工具　H：High Speed
KS	合金工具鋼	K：工具　S：Special
KD	〃	K：工具　D：ダイス
UP	ばね鋼	Spring
C	鋳鉄品	Casting

③　3番目の部分は，材料の種類番号の数字，最低引張強さ又は耐力（通常3けた数字）を表す。

　引張強さで表されるものには，圧延鋼材（SS），鍛鋼品（SF），鋳鉄品（FC），鋳鋼品（SC）などがある。これらは材料記号によって直接その強さを知ることができる。

（3）鉄鋼材料記号の表示例

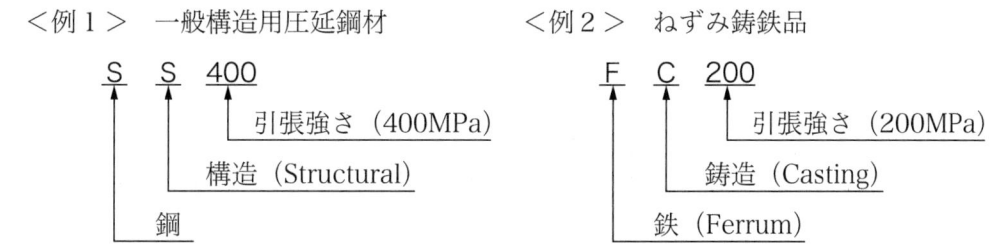

　　＜例1＞　一般構造用圧延鋼材　　　　＜例2＞　ねずみ鋳鉄品

　　　　S S 400　　　　　　　　　　　　　　F C 200
　　　　　　└─ 引張強さ（400MPa）　　　　　　└─ 引張強さ（200MPa）
　　　　　└── 構造（Structural）　　　　　　　└── 鋳造（Casting）
　　　　└──── 鋼　　　　　　　　　　　　　　└──── 鉄（Ferrum）

　　＜例3＞　機械構造用炭素鋼鋼材

　　　　S 45 C
　　　　　　└─ 炭素（Carbon）
　　　　　└── 炭素の含有量（0.42～0.48％）
　　　　└──── 鋼（Steel）

　例3に示した機械構造用炭素鋼鋼材の表示だけは例外で，最初の記号S（鋼）は同じであるが，2番目の数字は化学成分の中の炭素の含有量を示し，3番目のCは炭素（Carbon）であることを表している。

6.2　非鉄金属記号の表し方

（1）伸銅品記号の構成

　伸銅品の材質記号はCと4桁の数字で表す。

製図の基礎

```
 1位　2位　3位　4位　5位
  C    ×   ×   ×   ×
```

第1位のCは，銅及び銅合金を表す。

第2位は主要添加元素による合金の系統を表す。

第2位・第3位・第4位はＣＤＡ(Copper Development Association)の合金記号を表す。

第5位が0のときは，ＣＤＡと等しい基本合金を表し，1から9まではその改良合金に用いる。表示例を次に示す。

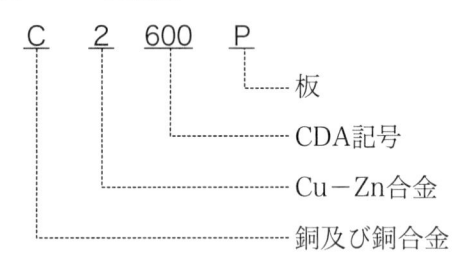

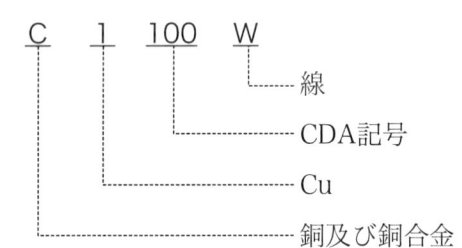

<例1>　黄銅板

```
C 2 600 P
        └── 板
      └──── CDA記号
    └────── Cu－Zn合金
  └──────── 銅及び銅合金
```

<例2>　銅線

```
C 1 100 W
        └── 線
      └──── CDA記号
    └────── Cu
  └──────── 銅及び銅合金
```

（2）アルミニウム展伸材記号の構成

材質記号は原則として，Aと4けたの数字で表す。

```
 1位　2位　3位　4位　5位
  A    ×   ×   ×   ×
```

第1位のAは，アルミニウム及びアルミニウム合金を表すもので，我が国独自の接頭語である。

第2位～第5位の4桁の数字はISOにも用いられている国際登録合金番号である。

第2位は主要添加元素による合金の系統を数字で表す。

第3位は数字0～9を用い，次に続く第4位及び第5位の数字が同じ場合は，0は基本合金を表し，1から9まではその改良型合金に用いる。日本独自の合金あるいは国際登録合金以外の規格による合金についてはNとする。

<例1>　アルミニウム板

```
A 1 080 P
        └── 板
      └──── 合金番号
    └────── 純アルミニウム
  └──────── アルミニウム及び
            アルミニウム合金
```

<例2>　アルミニウム合金押出形材

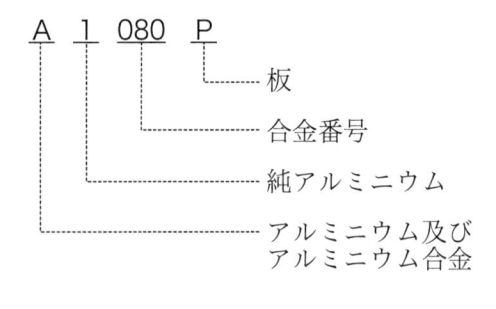

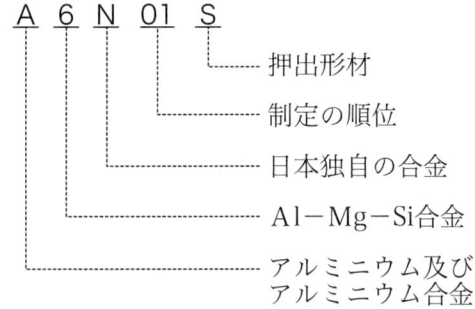

```
A 6 N 01 S
         └── 押出形材
       └──── 制定の順位
     └────── 日本独自の合金
   └──────── Al－Mg－Si合金
 └────────── アルミニウム及び
              アルミニウム合金
```

第4位及び第5位は，純アルミニウムはアルミニウムの純度小数点以下2桁，合金については旧アルコア（アルコア社が発表した合金の種類）の呼び方を原則として付け，日本独自の合金については合金系別，制定順に01から99までの番号を付ける。

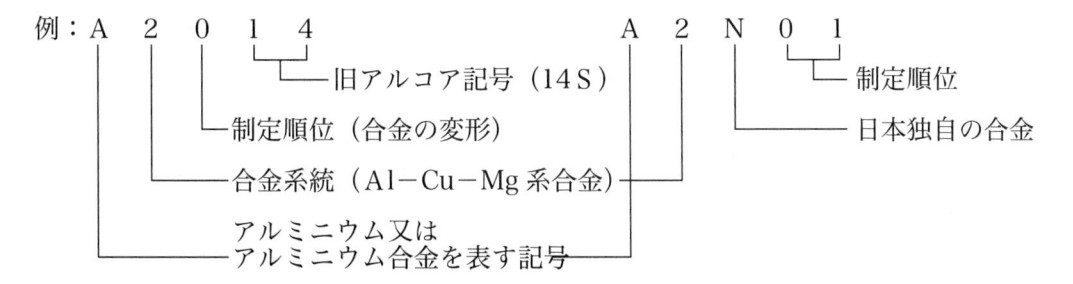

例： A 2 0 1 4　　　　　　　A 2 N 0 1
　　　│ │ │└─旧アルコア記号（14S）　　│ │ │└─制定順位
　　　│ │ └──制定順位（合金の変形）　　│ │ └──日本独自の合金
　　　│ └───合金系統（Al-Cu-Mg系合金）
　　　└────アルミニウム又は
　　　　　　　アルミニウム合金を表す記号

（3）その他の非鉄金属記号の構成

　その他の非鉄金属の表し方は，原則として次の三つの部分より構成された金属記号で表される。

　① 最初の部分は材質を表す。
　② 次の部分は製品名を表す。
　③ 最後の部分は種類を表す。

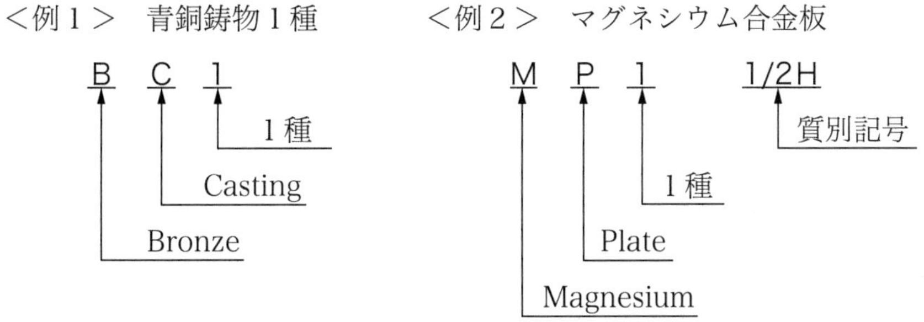

　　＜例1＞ 青銅鋳物1種　　　＜例2＞ マグネシウム合金板

　　　B C 1　　　　　　　　　M P 1　 1/2H
　　　│ │ └─1種　　　　　　 │ │ │　 └─質別記号
　　　│ └──Casting　　　　　│ │ └──1種
　　　└───Bronze　　　　　　│ └───Plate
　　　　　　　　　　　　　　　　└────Magnesium

　前述の①～③の①の記号は，英語又はローマ字の頭文字あるいは化学元素記号を用いて材質を表す（表3-20）。

表3-20　材質を表す記号

記号	材質	英語
A	アルミニウム	Aluminium
B	青銅	Bronze
C	銅	Copper
HBs	高力黄銅	High Strength Brass
M	マグネシウム	Magnesium
PB	りん青銅	Phosphor Bronze

表3-21　製品名を表す記号

記号	製品名	英語・ローマ字
B	棒	Bar
C	鋳造品	Casting
F	鍛造品	Forging
P	板	Plate
T	管	Tube
W	線	Wire
BR	リベット材	Bar Rivet
S	形材	Shape

②は，英語又はローマ字の頭文字を使って板，条，管，棒，線などの製品の形状別の種類や，用途を表した記号を組み合わせて製品を表す（表3-21）。

なお，加工法を明示する場合は上記の後に次の記号を付ける場合がある。

   D 冷間引抜（Drawing） E 熱間押出（Extrusion）

③は，材料の種類番号の数字を配し種類を表す。

  例えば 1   1種

       2S 2種特殊級（Special）

       3A 3種A

また，質別を表す際は上記の金属記号の後に-を入れ質別記号（熱処理記号などを含む）を付ける（表3-22）。

表3-22 質別を表す記号

記号	意味
-O	軟質
-OL	軽軟質
-1/2H	半硬質
-H	硬質

6．3　金属材料記号表

表3-23はJISで定められた金属材料記号の主なものである。

表3-23　JIS主要金属材料記号表

JIS番号	名称	種類の記号	引張強さ[MPa]・他	摘要（用途例）
G3101 (2004)	一般構造用 圧延鋼材	SS330 SS400 SS490 SS540	300～430 400～510 490～610 540以上	建築・船舶・橋・車両その他の構造物
G3106 (2008)	溶接構造用 圧延鋼材	SM400 SM490 SM520 SM570	400～510 490～610 520～640 570～720	各種構造物に用い，特に溶接性の優れたもの
G4051 (2009) （抜粋）	機械構造用 炭素鋼鋼材	S10C ～ S58C S09CK S15CK S20CK	20種類	一般機械部品用 通常は鍛造・切削などの加工と熱処理を施す。 ピン・カム軸・ピストン はだ焼用
G4303 (2005) （抜粋）	ステンレス 鋼棒	SUS201他 SUS329J1他 SUS405他 SUS403他 SUS630他	オーステナイト系　35種類 オーステナイト・フェライト系　3種類 フェライト系　7種類 マルテンサイト系　14種類 析出硬化系　2種類	耐食性に優れ，医療用器具・食品工業・化学工業・ほか一般工業用に広く使われている。
G5501 (1995)	ねずみ 鋳鉄品	FC100 FC150 FC200 FC250 FC300 FC350	100以上 150以上 200以上 250以上 300以上 350以上	ケーシング・ベッドなど 軸受・軸継手・一般機械部品用など

H3100 (2006)	銅及び銅合金の板並びに条	C1020 C1100 C1201 他 C2100 他 C2600 他 C3560 他 C4621 他 C6140 他 C7060 他	無酸素銅 タフピッチ銅 りん脱酸銅　3種類 丹　　銅　4種類 黄　　銅　4種類 快削黄銅　4種類 ネーバル黄銅　2種類 アルミニウム青銅　4種類 白　　銅　2種類		電気用など 一般器物・電気用など 化学工業用・ガスケットなど 建築用・装身具など 深絞り用・一般機械部品など 精密機械部品など 各種ばね・スイッチなど 化学工業用・船舶用など 熱交換器用管板・溶接管など
H4000 (2006)	アルミニウム及びアルミニウム合金の板及び条	A1080 他 A2014 他 A3003 他 A5005 他 A6061 他 A7075 他 A8021 他		10種類 6種類 7種類 14種類 3種類 5種類 2種類	照明器具・化学工業用タンクなど 航空機用材・各種構造材など 一般器物・建築用材など 建築内外装材・車両内装材など 船舶・車両・陸上構造物など 航空機用材・スキーなど 装飾用・電気通信用・包装用など

第7節　その他の略画の表示法

　ここでは，多くの機械に共通して使用されている部品（**機械要素**という）のうち，ねじ及びねじ部品，歯車，ばね，軸受などのJISの内容と，金属の永久結合法として極めて優れた特徴をもっている溶接について述べる。

7.1　ね　　じ

　ねじ及びねじ部品は，JIS B 0002-1に図示法と，指示及び寸法記入法が，JIS B 0002-3には，組立図において，部品の正確な形状及び細部を示す必要がない場合に適用する規定がある。

(1) 図　　示

　製品の技術文書（例えば，刊行物，取扱説明書など）において，部品の説明のために，図3-153のような**実形図示**が必要になることがあるが大変な労力を要する。したがって，ねじ製図は特別の場合を除いて必要な寸法などの表示とともに，ねじ及びねじ部品であることが確認できるような図形で示せばよいので，慣例によって図3-154に示すように単純にする。

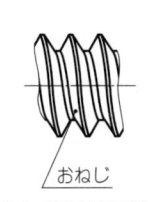

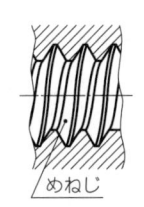

　　　　(a) おねじ(外観図)　(b) めねじ(断面図)　　　　(c)
図3-153　実形図示

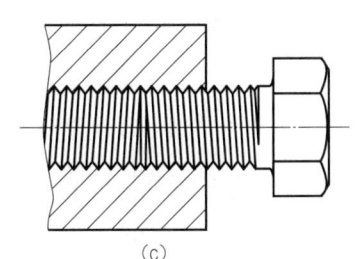

製図の基礎

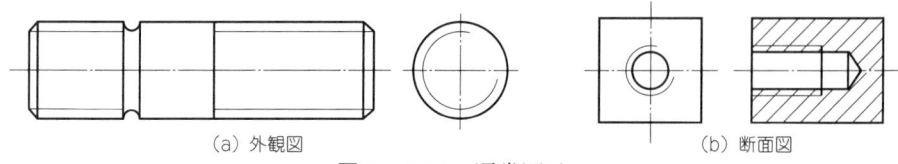

(a) 外観図　　　　　　　　　　　　　(b) 断面図

図3－154　通常図示

　ねじの描き方は，図3－155に示すように，ねじ山の頂を太い実線で，ねじの谷底を細い実線とした二組の平行線で描き，ねじの端面から見た図を描く必要がある場合は，図3－154に示すように，同心円で描き，ねじの谷底は，細い実線で円周の$\frac{3}{4}$にほぼ等しい円の一部で表し，できれば右上方に4分円を開けるのがよい。面取り円を表す太い線は，一般に端面から見た図では省略する。

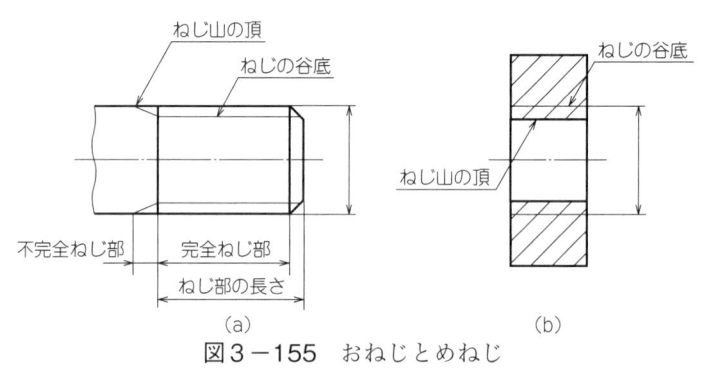

(a)　　　　　　　　　　　　　(b)

図3－155　おねじとめねじ

　また，断面図を示すねじ部品では，ハッチングは，ねじの山の頂を示す線まで延ばして描き（図3－154(b)，図3－157），隠れたねじを示すことが必要な場所には，山の頂及び谷底は図3－156に示すように細い破線で表す。

　なお，ねじ部の長さの境界が見える場合には，太い実線を用いる（図3－157）。

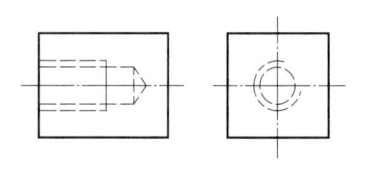

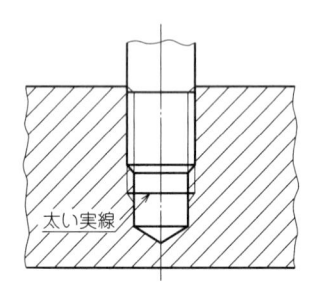

図3－156　隠れたねじ　　　　　　　図3－157　ねじの結合部

（2）ねじ部品の指示及び寸法記入

　ねじの種類及び寸法は，ねじに関する規格に規定する呼び方（ねじの呼び×呼び長さ）によって指示し，止まり穴深さは，通常省略してもよいが，穴深さの寸法を指定しない場合には，ねじの長さの1.25倍程度に描く。

　図3－158に簡単な表示例を示す。

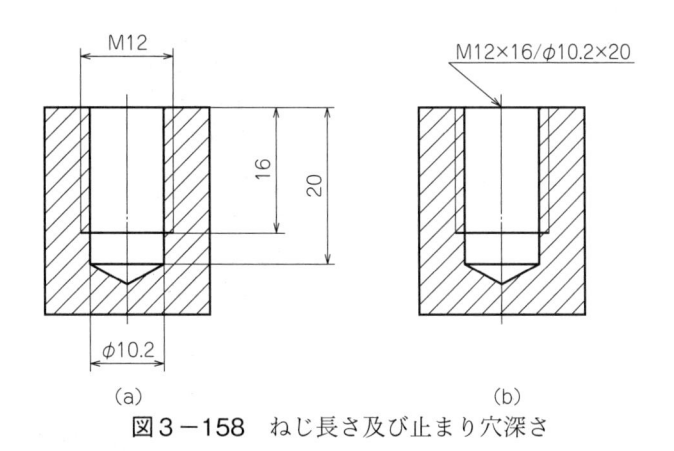

図3-158 ねじ長さ及び止まり穴深さ

(3) 簡略図示方法

簡略図示では，ねじ部品の必要最小限の特徴だけを示す。簡略化の程度は，表す対象物の種類，図の尺度及び関連文書による。

なお，次の形状は，簡略図示では描かない。

- ナット及び頭部の面取り部の角
- 不完全ねじ部
- ねじ先の形状
- 逃げ溝

また，次の場合には，図3-159に示すように，図示及び寸法指示を簡略にしてもよい。

- 直径（図面上の）が6mm以下
- 規則的に並ぶ同じ形及び寸法の穴又はねじ

表示は，矢印が穴の中心線を指す引出線の上に示す。

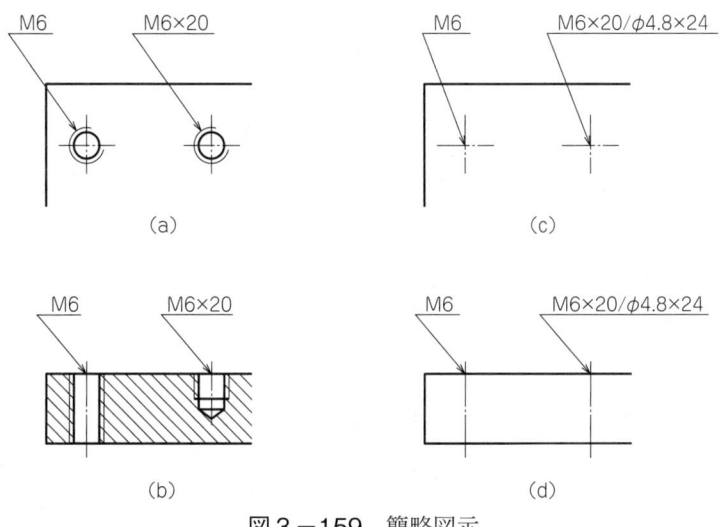

図3-159 簡略図示

7.2 歯　　車

歯車は，多くの機械に用いられ，歯車そのものの種類も多い。

ここでは，一般の機械に使用されているインボリュート歯車（JIS B 0003）のうち，平歯車，はすば歯車を中心に述べる（図3－160）。

（a）平歯車　　　（b）はすば歯車

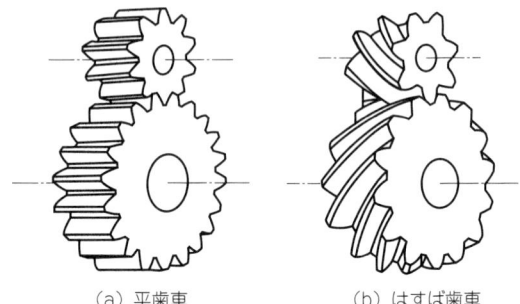

図3－160　平歯車とはすば歯車

なお，歯車製図における歯の部分の図示は，一歯一歯を正確に投影することはあまり意味をなさないので，特別な場合を除き簡略な図で描き，歯の諸元に関することは，まとめて要目表で示すことにしている（図3－161）。

要目表の記入例　　　　　　　　　[mm]

平歯車				
歯車歯形		標　準	仕上方法	ホブ切り
基準ラック	歯　形	並　歯	精　度	JIS B1702-1　9級
	モジュール	6	相手歯車転位量	0
	圧力角	20°	相手歯車歯数	50
歯　数		18	中心距離	204
基準円直径		108	バックラッシ	0.20～0.89
転位量		0	備考	＊材　料
歯たけ		13.5		＊熱処理
歯厚	またぎ歯厚	$45.79^{-0.09}_{-0.39}$（またぎ歯数＝3）		＊硬　さ

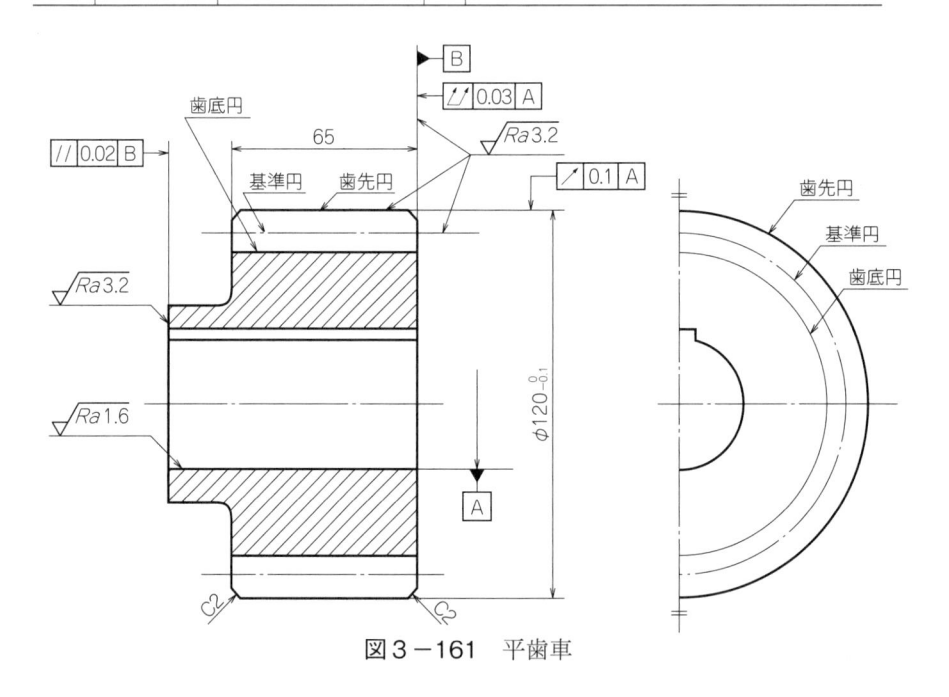

図3－161　平歯車

(1) 図　示

歯車製図規格は，歯車特有の事項について規定したもので，歯車の図面に含まれる一般事項については機械製図（JIS B 0001）による。

歯車の部品図は，表及び図を併用することとし，それぞれの記入事項は図3－162のとおりである。

線の用い方は次による。

・歯先円は，太い実線で表す。
・基準円は，細い一点鎖線で表す。
・歯底円は，細い実線とし，軸に直角な方向から見た図を断面で図示するときは，歯底の線は太い実線で表す。
・歯すじ方向は，通常3本の細い実線で表す。
・主投影図を断面図示するときは，はすば歯車の歯すじ方向は紙面から手前の歯の歯すじ方向を3本の細い二点鎖線で表す。

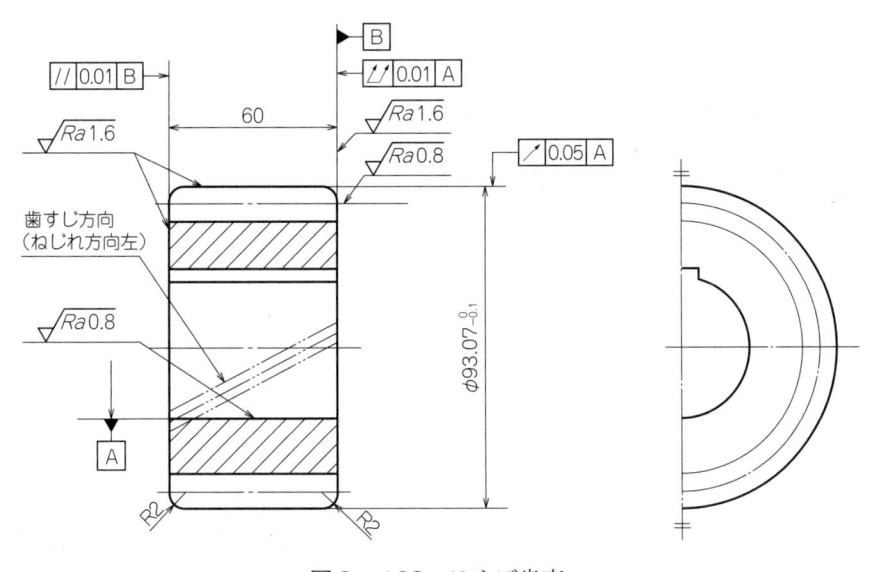

図3－162　はすば歯車

また，かみあう一対の歯車の図示は図3－163の例による。かみあい部の歯先円は，ともに太い実線で表し，主投影図を断面で図示するときは，かみあい部の一方の歯先円を示す線は，細い破線又は太い破線で表す。

なお，かみあう一対の歯車の簡略図は図3－164の例による。

製図の基礎

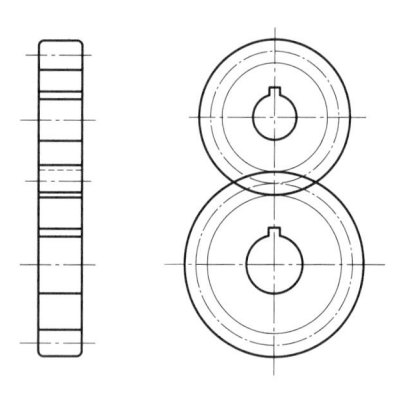

図3－163　かみあう一対の平歯車

(a) 平歯車　　(b) はすば歯車

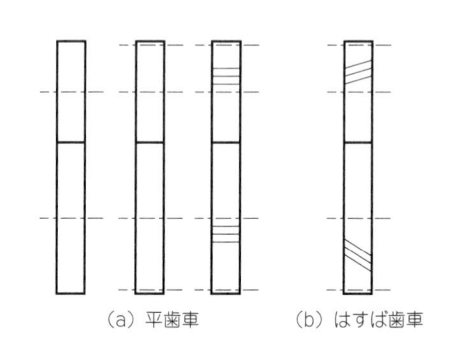

図3－164　かみあう一対の歯車の簡略図

7.3　ばね

弾性変形*を利用するばねは，いろいろな機械に用いられ，ばねそのものの種類も多い。JIS B 0004では，コイルばね，重ね板ばねなどの図示方法及び要目表の表し方（図3－165）を規定している。ここでは，コイルばねを中心に述べる（図3－166）。

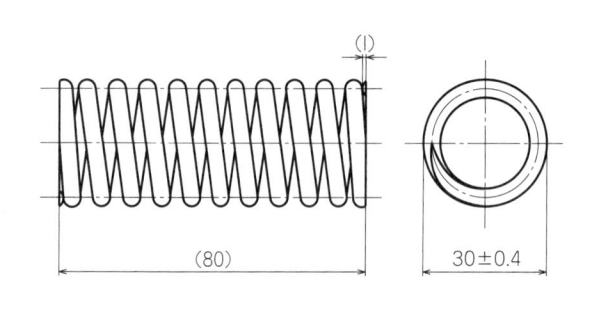

要目表の例	
材料	SWOSC-V
材料の直径　[mm]	4
コイル平均径　[mm]	26
コイル外径　[mm]	30 ± 0.4
総巻数	11.5
座巻数	各1
有効巻数	9.5

図3－165　冷間成形圧縮コイルばね（外観図）の図示例

（1）コイルばねの図示

① 一般に無荷重の状態で描く。

② 要目表に断りがないものは，すべて右巻のものを表す。なお，左巻の場合は，"巻方向左"と記す。

③ 図中に記入しにくい事項は，要目表に一括して表示する。ただし，要目表に記入する事項と図中に記入する事項とは重複してもよい。

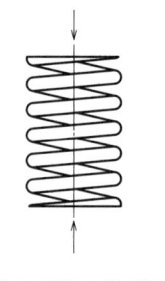

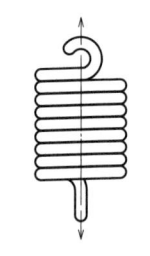

(a) 圧縮コイルばね　　(b) 引張コイルばね

図3－166　コイルばね

＊ **弾性変形**：物体に荷重を加えると変形するが，これによる応力が一定の限度以下であれば荷重を取り除くと元の形に戻るような変形。

④ ばねのすべての部分を図示する場合は，JIS B 0001による。ただし，コイルばねの正面図は螺旋状にせず直線とし，有効部から座の部分への遷移領域も直線による折れ線で示す。

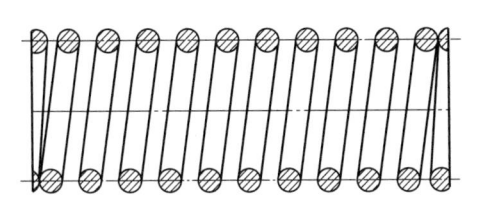

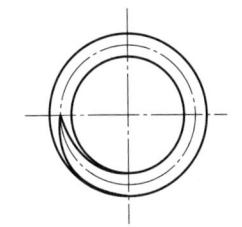

図3−167　圧縮コイルばね（断面図）

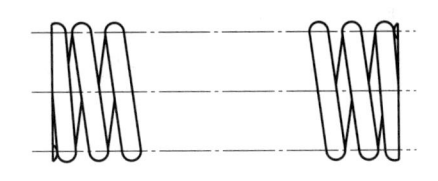

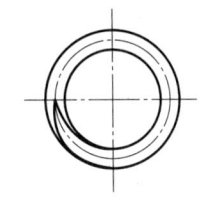

図3−168　圧縮コイルばね（図3−165の一部省略図）

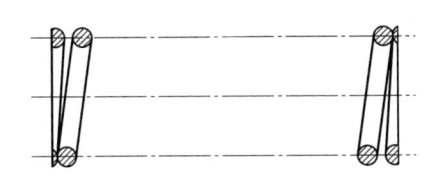

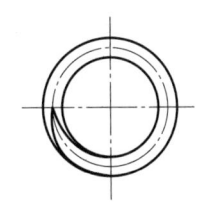

図3−169　圧縮コイルばね（図3−167の一部省略図）

⑤ コイルばねにおいて，両端を除いた同一形状部分の一部を省略する場合は，省略する部分の線径の中心線を細い一点鎖線で表す（図3−168，169）。

⑥ 断面形状の寸法表示が必要な場合，及び外形図では表しにくい場合は，図3−167，169，170に示すように断面図で表してもよい。

⑦ 組立図，説明図などでコイルばねを図示する場合は，その断面だけを表してもよい（図3−170）。

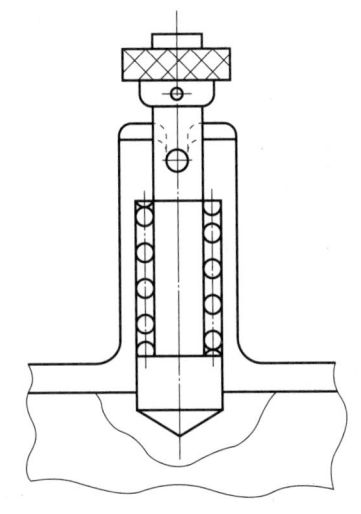

図3−170　組立図中のコイルばね簡略図

7.4　軸　　受

回転軸を支える軸受には，軸受に作用する荷重によってラジアル軸受（軸方向に対して

垂直な荷重を受ける）とスラスト軸受（軸方向に荷重を受ける）があり，軸と軸受の接触の状態によって滑り軸受（軸受と，軸受に接触している軸の部分が潤滑剤を介して接触）と，転がり軸受（軸受と，軸受に接触している軸の部分の間に玉やころが転がって接触）に分類される。

JISでは，転がり軸受が規定されているが，そのほとんどが専門の製造業者によって製造されるので，一般には市販されている製品を利用することになる。

(1) 図　示

転がり軸受の製図規格には，基本簡略図示方法（JIS B 0005－1 製図－転がり軸受－第1部）と個別簡略図示方法（JIS B 0005－2 製図－転がり軸受－第2部）があるが，誤解を避けるために，一つの図面においてはどちらか一方だけを用いる。一般には，**個別簡略図示方法**が用いられる。

転がり軸受形体に関する個別簡略図示方法の要素を表3－24に，また，その例を表3－25～27に示す。

表3－24　転がり軸受形体に関する個別簡略図示方法の要素

要　素		説　明	用い方
———————	*1	長い実線*3の直線	この線は，調心できない転動体の軸線を示す。
⌒	*1	長い実線*3の直線	この線は，調心できる転動体の軸線，又は調心輪・調心座金を示す。
｜		短い実線*3の直線で，長い実線に直交し，各転動体のラジアル中心線に一致する。	転動体の列数及び転動体の位置を示す。
他の表示例			
○	*2	円	玉
▭	*2	長方形	ころ
▬	*2	細い長方形	針状ころ，ピン

表3－25　玉軸受及びころ軸受

簡略図示方法	適　用	
	玉軸受	ころ軸受
	図例及び規格	図例及び規格
（十字図）	単列深溝玉軸受（JIS B 1512） ユニット用玉軸受（JIS B 1558）	単列円筒ころ軸受（JIS B 1512）

*1：この要素は，軸受の形式によって傾いて示してもよい。
*2：短い実線の代わりに，これらの形状を転動体として用いてもよい。
*3：線の太さは，外形線と同じとする。

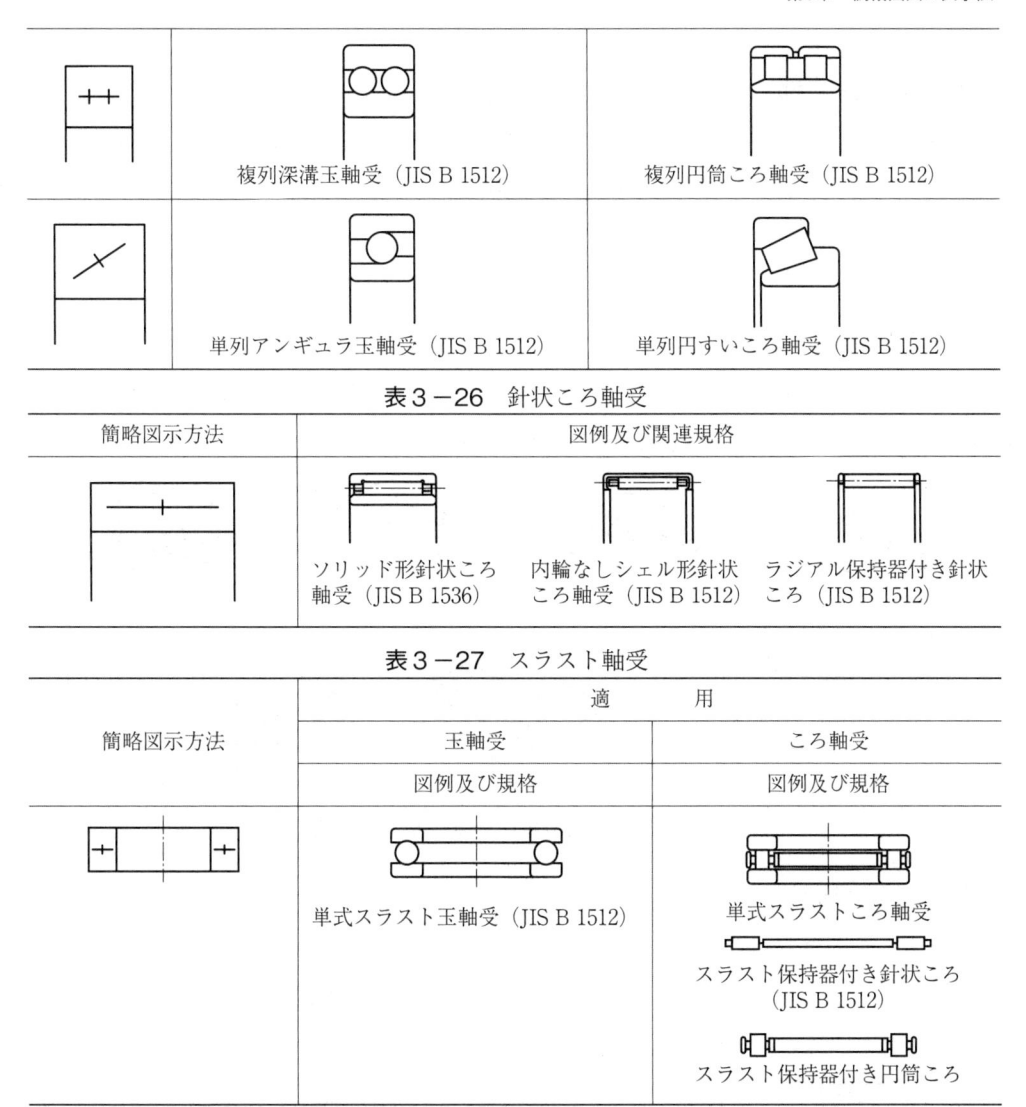

![複列深溝玉軸受簡略図]	複列深溝玉軸受（JIS B 1512）	複列円筒ころ軸受（JIS B 1512）
![単列アンギュラ玉軸受簡略図]	単列アンギュラ玉軸受（JIS B 1512）	単列円すいころ軸受（JIS B 1512）

表3-26 針状ころ軸受

簡略図示方法	図例及び関連規格		
	ソリッド形針状ころ軸受（JIS B 1536）	内輪なしシェル形針状ころ軸受（JIS B 1512）	ラジアル保持器付き針状ころ（JIS B 1512）

表3-27 スラスト軸受

簡略図示方法	適　　用	
	玉軸受	ころ軸受
	図例及び規格	図例及び規格
	単式スラスト玉軸受（JIS B 1512）	単式スラストころ軸受 スラスト保持器付き針状ころ（JIS B 1512） スラスト保持器付き円筒ころ

　なお，軸受中心軸に対して直角に図示するときには，転動体は実際の形状（玉，ころ，針状ころなど）及び寸法にかかわらず円で表示してもよいことになっている（図3-171）。図3-172は，回転センタの転がり軸受の個別簡略図示方法の例である。

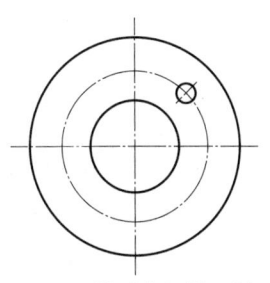

図3-171 軸受中心線に対して直角に図示する例

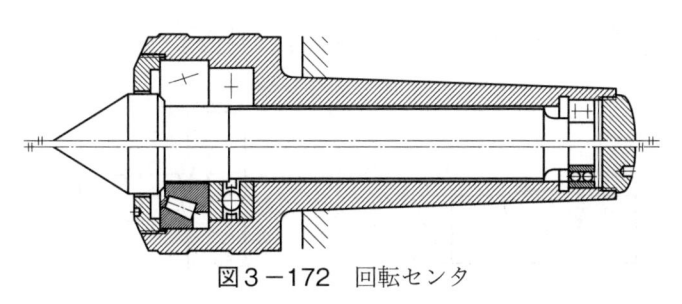

図3-172 回転センタ

7.5 溶接部

溶接は，熱・圧力又はその両方によって2個以上の部材を加熱溶融して結合する技術で，造船，自動車，橋梁，建築，機械，電気製品など，あらゆる金属工業で広く用いられている。

(1) 溶接継手

a．溶接継手の種類

溶接継手には，継手の形状，当て金の有無などによって種々あるが，アーク溶接，ガス溶接などに用いる基本的な種類を，図3－173に示す。

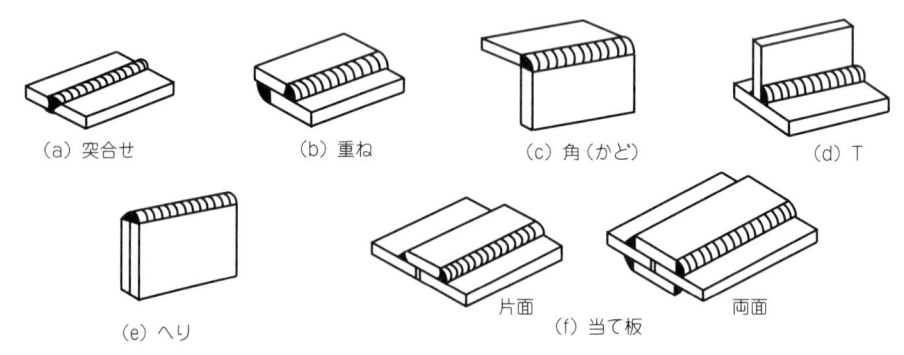

(a) 突合せ　(b) 重ね　(c) 角(かど)　(d) T
(e) へり　(f) 当て板（片面／両面）

図3－173　溶接継手の基本形式の種類

b．開先形状の種類

溶接は，二つの部材の接合部を完全に溶融させて接合するので，目的に応じて図3－174に示すように接合する二つの部材の間に溝（この溝を開先又はグルーブという）を設けて，この溝を埋めることによって接合する。

I形　V形　X形　レ形　K形

図3－174　開先の種類（例）

c．溶接深さ

溶接深さは，開先溶接における，継手強度に寄与する溶接の深さ（s）であって，開先溶接における溶接表面から溶接底面までの距離をいう（図3－175(a)）。

完全溶込み溶接では板厚に等しいが（図(b)），ビーム溶接などでは溶込み深さ（p）と一致しないことがある（図(c)）。

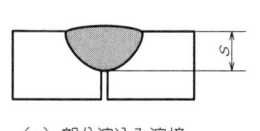

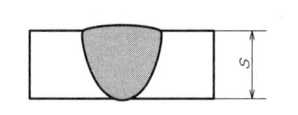

(a) 部分溶込み溶接　(b) 完全溶込み溶接　(c) ビーム溶接

図3－175　溶接深さ

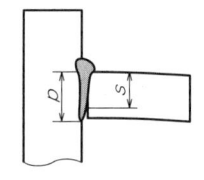

（2）溶接記号の構成

溶接記号は，矢，基線及び溶接部記号で構成され（図3－176(a)），必要に応じ寸法を添え，尾を付けて補足的な指示をしてよい。（図(b)）。溶接部記号などが示されていないときは，この継手は，ただ単に溶接で接合することを意味する（図(c)）。

また，図3－177に矢，基線及び尾の例を示す。

図3－176　溶接記号の構成

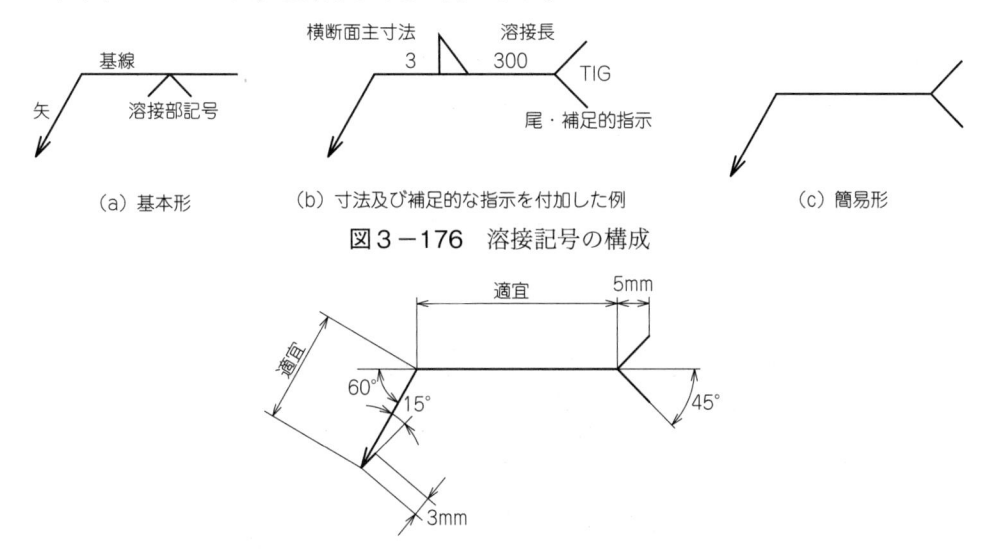

図3－177　矢，基線及び尾の例

（3）溶接部記号

溶接部記号は，基本記号，組合せ記号及び補助記号からなる。

a．基本記号

表3－28に基本記号を示す。

表3－28　基本記号（JIS Z 3021：2010抜粋）

名　称	記　号	補　足	名　称	記　号	補　足
Ⅰ形開先	‖	サーフェス継手にも使用できる。	プラグ溶接 スロット溶接	⊔	
Ｖ形開先	∧		ビード溶接	⌣	
レ形開先	∧		肉盛溶接	⌣⌣	
Ｊ形開先	⌐		キーホール溶接	△	
Ｕ形開先	⌒		スポット溶接 プロジェクション溶接	○	✳ [*2]
Ｖ形フレア溶接	⌒⌒		シーム溶接	⊖	✳✳ [*3]
レ形フレア溶接	⌒		スカーフ継手	∥	
へり溶接	‖‖		スタッド溶接	⊗	
すみ肉溶接[*1]	▷	⟋ 又は ⟋⟍			

注）記号欄の点線は，基線を示す。

[*1]：千鳥断続すみ肉溶接の場合は，補足の記号を用いてもよい。
[*2, 3]：補足に示す記号を用いてもよい。なお，この記号は次回改正時に削除する予定。

b．組合せ記号

組合せ記号は，次のように使用する。

① 必要に応じて，複数の基本記号を組み合わせて使用する（図3－178(a)）。また，溶接順序を指示するときは，尾に記載する（図(b)）。

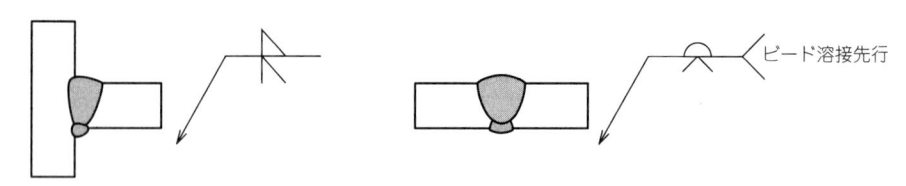

（a）レ形開先溶接及びすみ肉溶接　　　　　（b）V形開先溶接及びビード溶接

図3－178　組合せ記号の例

② 対称的は溶接部の組合せ記号は，表3－29による。

表3－29　対称的な溶接部の組合せ記号（JIS Z 3021：2010抜粋）

名　称	記　号	名　称	記　号
X形開先	✕	H形開先	)(
K形開先	K	X形フレア溶接	)(
両面J形開先	K	K形フレア溶接	)(

注）記号欄の点線は，基線を示す。

c．補助記号

表3－30に補助記号を示す。

表3－30　補助記号（JIS Z 3021：2010抜粋）

名　称	記　号	名　称	記　号
裏波溶接	⌒	表面形状	
		平ら仕上げ	─
裏当て*	▭	凸形仕上げ	⌒
		へこみ仕上げ	⌣
全周溶接	○	止端仕上げ	⌣⌣
		仕上げ方法	
現場溶接	⚑	チッピング	C
		グラインダ	G
		切削	M
		研磨	P

注）記号欄の点線は，基線を示す。

＊　**裏当て**：裏当て材料，取外しなどを指示するときは，尾に記載する。

（4）溶接記号の表示

a．基　　線

基線は水平とし，水平にできない場合は，図3－179のようにする。

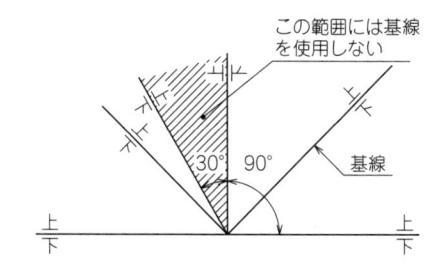

図3－179　基線の位置及び基線の上側・下側

b．溶接部記号の位置

基線に対する溶接記号の位置は，その溶接記号が描かれる製図の投影法に従って示す。

第三角法の場合，溶接する側が矢の側又は手前側のときは，基線の下側に記載し（図3－180(a)），溶接する側が矢の反対側又は向こう側のときは，基線の上側に記載する（図(b)）。

また，溶接部が接触面に形成されるときは，基線をまたいで記載する（図(c)）。

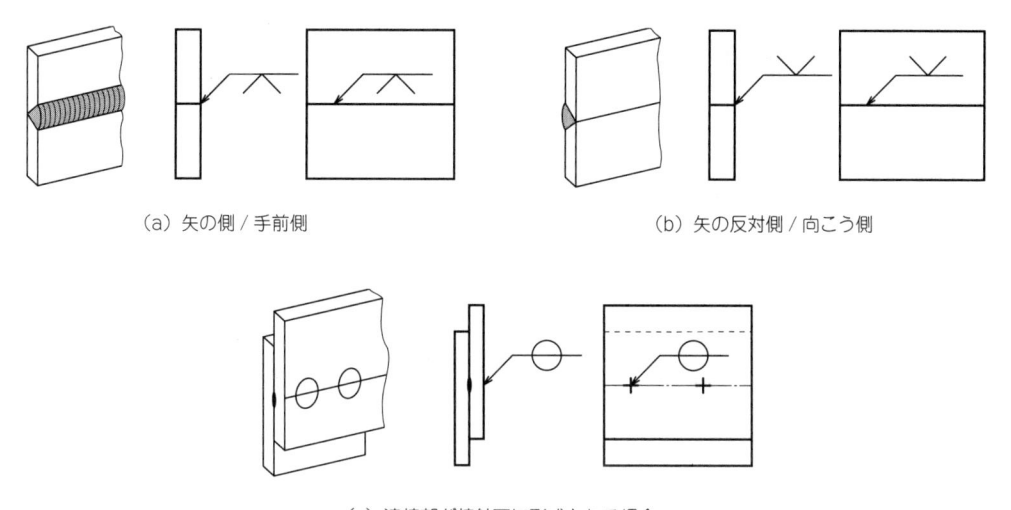

（a）矢の側／手前側　　　　　　　　　　（b）矢の反対側／向こう側

（c）溶接部が接触面に形成される場合

図3－180　基線に対する溶接部記号の位置

c．矢

矢は，基線に対してなるべく60°の直線とする。基線のどちらの端に付けてもよく，必要があれば一端から2本以上付けることができる（図3－181(a)）。ただし，基線の両端に付けることはできない。

また，レ形，J形，レ形フレアなど非対称な溶接部において，開先を取る部材の面又はフレアのある部材の面を指示する必要のある場合は，矢を折線とし，開先を取る面又はフレアのある面に矢の先端を向ける（図(b)）。開先を取る面が明らかな場合は省略してもよい。（図(c)）。

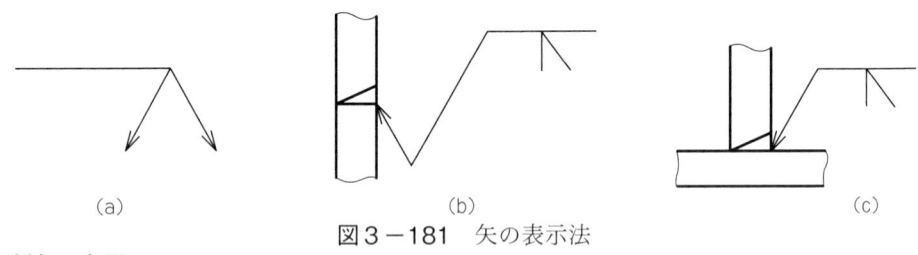

図3－181　矢の表示法

d．寸法の表示

溶接記号における断面寸法の表示例を図3－182に示す。開先溶接の断面主寸法は，開先深さ及び（又は）溶接深さとする。溶接深さは，丸括弧を付けて開先深さに続ける（図(a)）。完全溶込み溶接のときは溶接深さを省略し（図(b)），部分溶込み溶接で所要の溶接深さが開先深さと同じときは，開先深さを省略する（図(c)）。

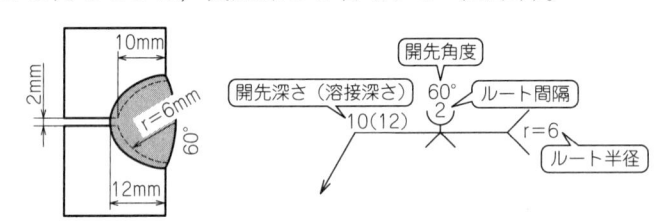

(a) 部分溶込み溶接の例

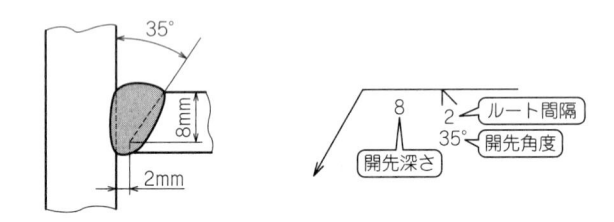

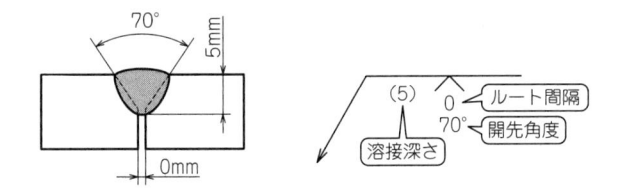

(b) 完全溶込み溶接の例

(c) 溶接深さが開先深さと同じ例

図3－182　開先溶接の断面寸法

（5）溶接記号の使用例

表3－31にそれぞれの溶接記号の使用例を示す。

表3－31　溶接記号の使用例（JIS Z 3021：2010抜粋）

溶接部の説明			実　形	記号表示
I形開先	ルート間隔	2mm		
V形開先 裏波溶接	開先深さ 開先角度 ルート間隔	16mm 60° 2mm		
X形開先	開先深さ 　矢の側 　反対側 開先角度 　矢の側 　反対側 ルート間隔	16mm 9mm 60° 90° 3mm		
レ形開先 部分溶込み溶接	開先深さ 溶接深さ 開先角度 ルート間隔	10mm 10mm 45° 0mm		
すみ肉溶接	縦板側脚長 横板側脚長	6mm 12mm		
すみ肉溶接	矢の側の脚 反対側の脚	9mm 6mm		
すみ肉溶接	千鳥溶接 　矢の側の脚長 　反対側の脚長 　溶接長さ 　矢の側の溶接数 　反対側の溶接数 　ピッチ	6mm 9mm 50mm 2 2 300mm		
スポット溶接	ナゲットの直径 溶接数 ピッチ	6mm 3 30mm		

製図の基礎

第3章の学習のまとめ

　機械図面を正しく表示するためには，材料を加工して製作していく工程を理解することが重要である。

　機械部品製図として定められている諸規格と，溶接製図の規格を理解して，規格に従って正しく描くことが必要である。

【 練 習 問 題 】

次の各問に答えなさい。

（1）次の図（a）～（d）では，図形を表す線が一部抜けている。これらの投影図を図の約2倍の大きさに描き，抜けている線を描き加えなさい。

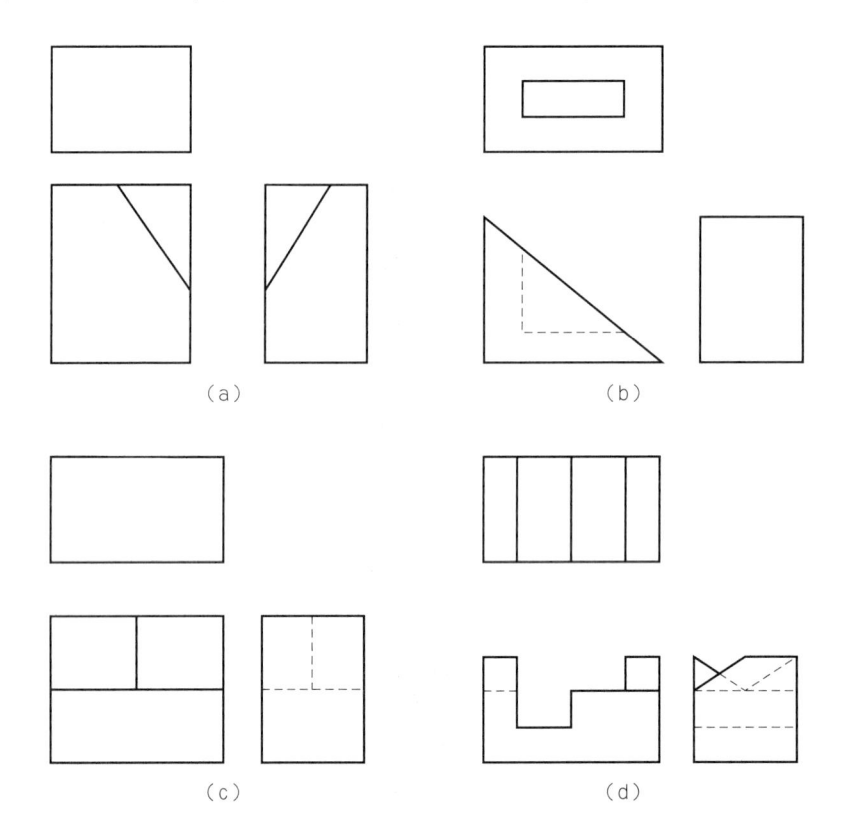

（a）

（b）

（c）

（d）

（2）下図に示す穴は，きりもみ加工による直径20mmの穴である。引出線に寸法を記入しなさい。

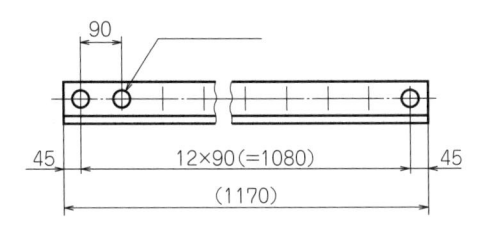

（3）下図に示す形体は，テーパ比が1：5である。引出線とテーパの向きを示す図記号を用いてテーパ比を記入しなさい。

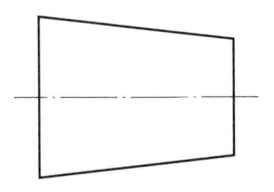

（4）次の寸法表示の，IT基本公差，最小すきま及び最大すきまは，それぞれいくらになるか述べなさい。

　　　　32H7／g6

（5）下図に示す形体は，めねじを断面図示したものである。いま，下穴φ10.2，長さ20，メートルねじ12，長さ16のとき，引出線に寸法表示を記入しなさい。

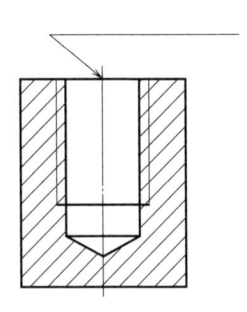

（6）下図に示す回転センタの3箇所に，簡略図示方法で軸受を記入しなさい。

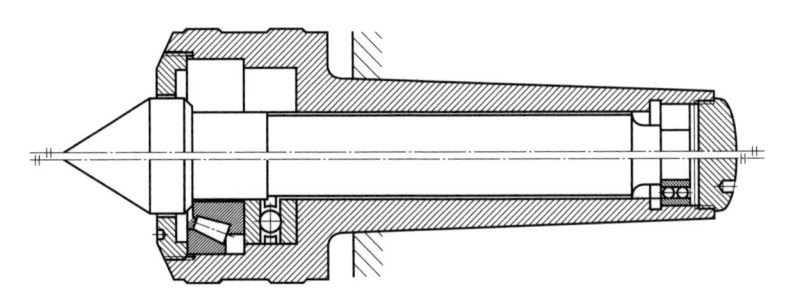

第4章　図面の管理

　図面は，工場で部品を加工し，組み立てて製品をつくるのに使用されるばかりでなく，材料の手配，工程計画，加工時間，工賃の見積，ジグ及び特殊工具の必要の有無など，いろいろな面に使用される。また，機械や装置をつくった後も，再製作，修理，改良などの場合に役立つほか，設計資料としても重要な役割を果たす。そのために，図面が完成したら，これを図面台帳などに登録し，整理して保管し，必要なときにいつでも容易にまた迅速に利用できるようにする手段が図面管理である。

第1節　図面の管理

1．1　図面番号

　図面には，複雑な組立図から簡単な部品図に至るまでいろいろなものがある。

　図面番号は，図面の内容がどんな構造のものであるか，どんな機構をもつものであるか，構成のどの部分を表すものであるかを明確にするために付けられる。したがって，単なる一連番号の羅列ではなくて，各桁の数字に意味をもたせて区分するのが普通である。

　図面番号は，一般に製品の種類，機種，形式などによって大きく分類され，さらに組立図，部分組立図，部品図，あるいは用紙の大きさなど，合理的な区分によって決められる。

　番号の付け方に統一された規格はないので，各企業，工場などそれぞれ独自性を活かしていろいろ工夫されている。

　図面番号は表題欄に明記するが，図面の左上隅にも，逆さに記入しておくと，整理にも便利であり，また表題欄が汚れたり，破損したりしたときにも困らない。

1．2　図面の変更と訂正

　図面が作成された後も，図面は次の理由で変更されたり，訂正されたりする場合が生じる。

　①　設計の変更により，寸法や形状の一部を変える場合
　②　組立ての際又は組立て後不都合な部分を発見した場合

③ 使用材料を新材料に変更する場合
④ 製図の誤りによる寸法や記号の間違いを訂正する場合
⑤ その他，生産現場の要求により変更した方がよい場合

このように，それぞれの理由はあるが，いずれの場合でも，現在作業中で直ちに変更通知する必要があるのか，また図面を訂正しておくだけでよいのかなど，訂正後さらに再訂正などないよう十分検討して処置しなければならない。

図面の変更や訂正は，一般設計部門で行われるが，変更や訂正に際しては，「図面変更通知」を定め，必要に応じて変更箇所の詳細や，その他の事項を明細欄に記入して，速やかに関係箇所に配布するなどの手続をとる。

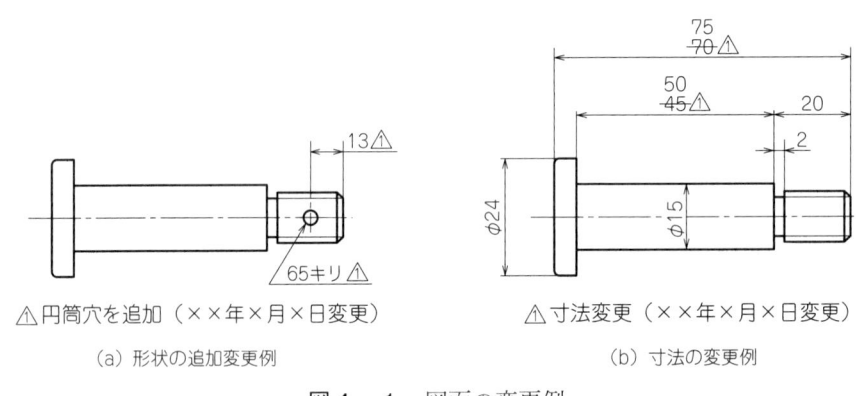

(a) 形状の追加変更例　　　　(b) 寸法の変更例

図4－1　図面の変更例

機械製図（JIS B 0001）では，"正式出図後に図面の内容を訂正・変更する場合には，訂正又は変更箇所に適切な記号を付記し，訂正又は変更前の図形（図4－1 (a)），寸法などは判読できるように適切に保存する（図 (b)）。この場合，訂正又は変更事由，氏名，年月日などを明記して図面管理部署へ届け出る"こととしている。また，"変更には追加も含む。"としている。

1.3　原図の管理

図面が完成したら，十分な検図が行われた後，原図台帳に登録して保管する。

原図台帳には，図面番号，原図登録の日付，製品名，図面の大きさ，図面廃棄の日付，署名，備考欄などを設ける。ここに必要事項を記入して保管する。

保管には，図面の大小に関係なく，機種別に一括して図面番号順に保管する方法と，取扱い上大きさの同じ図面を一箇所に保管する方法とがある。どちらがよいかは，図面の性格や製造品の内容によって決まる。いずれの場合も，紛失や損傷のないように，定められた格納方式に従って整理して保管する。

図面は，原図をコピーした複写図が，製造工場やその他の部門に出図されて製品がつくられる。そのために，使用頻度の高い原図は，損傷や原図の寿命を考えて第二原図を作成し，複写は第二原図によって行う。

　原図は，図面訂正と複写以外に貸し出さない。貸し出す場合には，所定の貸出しカードなどによって，貸出しの内容や原図の所在を明らかにする方法をとり，確実な管理をする。

1．4　複写図の管理

　複写図は原図と異なり，折りたためるから，ファイルして保管できる。

　ファイリングキャビネットには，同一機種別に図面番号順にそろえておき，併せて部品表，図面目録，明細表なども各ファイルごとに整理しておくことが必要である。

　複写図は，開発，設計，製造などの各部門に配布される。また，必要に応じて営業やその他の部門に貸し出される。

　出図の際は，配布カード，貸出カードなどによって，発行の日付，図面番号，図名，出図先，部数，付属書類，回収又は返却月日などを記録し，いつ，だれが，どこで，どの図面を使用しているかを明らかにする。

製図の基礎

第4章の学習のまとめ

　完成した図面は，必要なときに，必要な図面をいつでも，的確，迅速，容易に出し入れできるよう整理・保存されていなければならない。

　そのためには，どのように工夫されているのかを理解することが必要である。

【 練 習 問 題 】

次の問に答えなさい。

（1）機械製図（JIS B 0001）では，作成された図面が，なんらかの理由で変更・訂正される場合について規定している。どのような規定があるか述べなさい。

第5章 立体製図

　前章までは，品物の形状や大きさを最も正確に表す手段として，品物の正面，平面，側面というように，品物の面と直面するいくつかの投影面における影像を使って表現してきた。

　しかし，今日では工業製品のカタログや取扱説明書のほか，設計・デザイン・修理・宣伝・広告などに，ただ1枚の投影面を使って，誰でもひと目で品物の形が理解できる立体製図（軸測投影）も必要である。ここでは，この立体製図の基礎である立体の投影画法について述べる。

第1節　立体の投影

1．1　点の投影

　いま，空間に一つの点が浮かんでいるものとする。この点を図5－1のAとする。この点Aがどのような位置にあるかを知るためには，その点に関して図に示す水平（H）と垂直（V）の二つの面を考えてみる。

　これに矢印の方向から光線を当てると，点Aは垂直投影面にa，水平投影面にa'として投影される。これを垂直投影面を基準にして水平投影面を展開すると，点Aは図（b）のように平面上に表せたことになる。

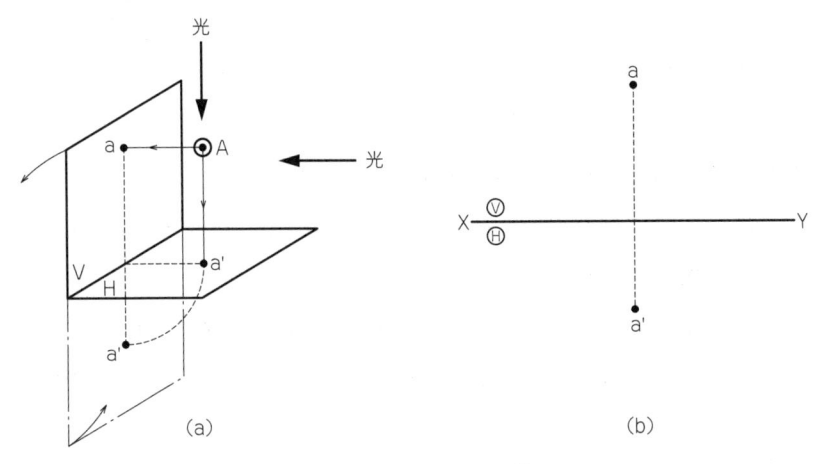

図5－1　点の投影①

製図の基礎

一方，空間に浮かんでいる点Aを，図5－2（a）のように透明な二つの平面で囲った場合を考える。これを前述のように矢印の方向から見ると，点Aは垂直と水平の両面にそれぞれa，a′として投影される。これを前述のように垂直投影面を基準にして展開すると，点Aは図（b）のように表される。

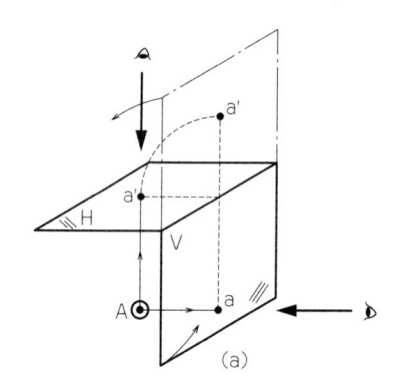

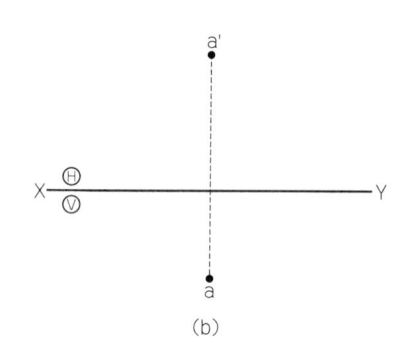

図5－2　点の投影②

平面上に表された点が，図5－1と図5－2では，基線X－Yに対して反対に表れるのは，前者は点をつい立てに投影し，後者は点をガラス越しに見たからである。

いま，二つの平面を互いに直交させると，図5－3のように空間を四つに仕切ることができる。これを右から左回りに第一象限，第二象限，第三象限，第四象限と呼ぶ。

この仕切られた第一象限と第三象限の中に立体を置いて，前者をつい立てに投影し，後者をガラス越しに見ると，立体は図5－4のようになる。

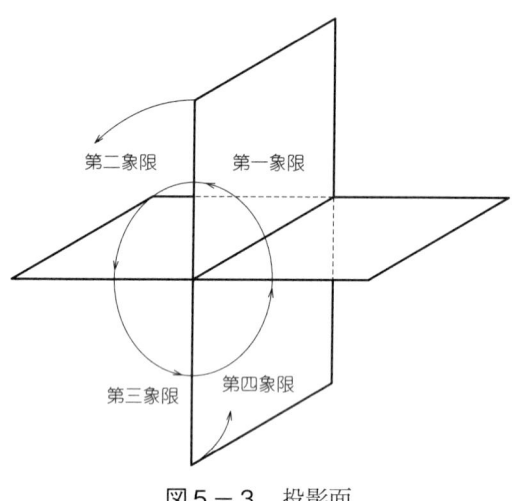

図5－3　投影面

ここで，第一象限内に立体を置いた場合の投影を製図では**第一角法**と呼び，第三象限内に置いた場合を**第三角法**という。

立体を平面上に表すには，このような二つの方法がある。"図面"は主として第三角法によっているから，この章での立体の投影は，第三象限（第三角法）による投影とする。

第5章 立体製図

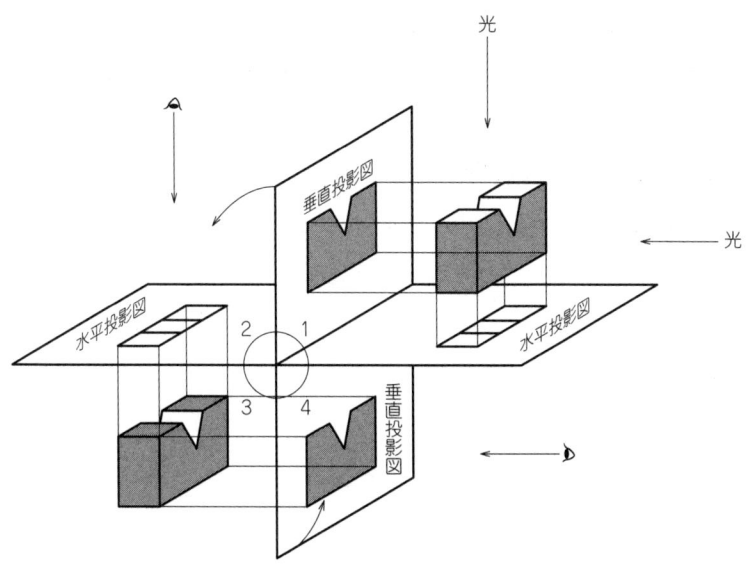

図5-4 第一角法及び第三角法による投影

1.2 線と面の投影

線の投影は、その線上の各点の投影を結び付けることによって得られる。

直線の場合は、その両端の2点の投影を求めて結べばよく、平面図形の場合は、図面の輪郭をつくる線の投影を求めることにより得られる。

(1) 直線が次のような条件にある場合の投影

長さ30mmの直線が両投影面（水平及び直立）に平行で、水平投影面との距離は15mm、垂直投影面との距離は30mmの位置にある直線の投影（図5-5，図5-6）。

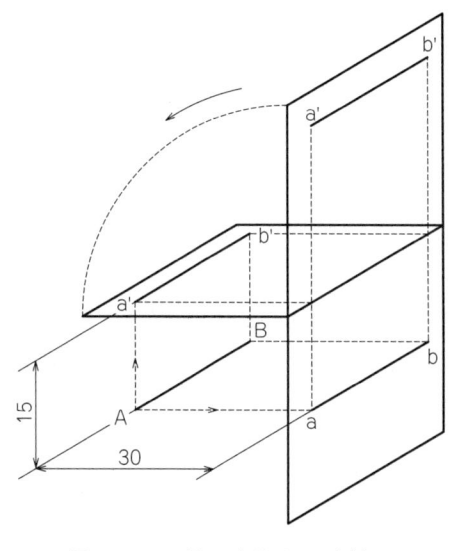

図5-5 第三象限上の直線ａｂ　　　　図5-6 線の投影

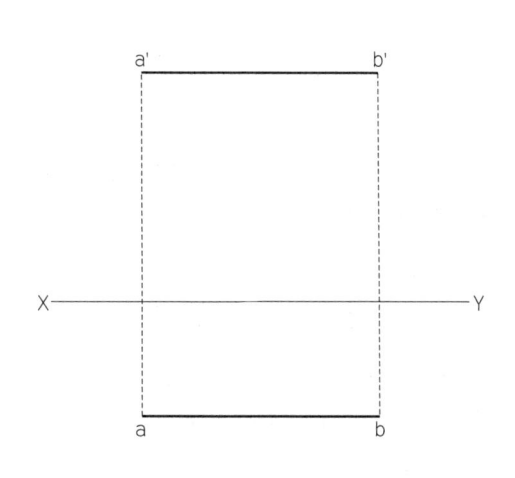

① 基線から15mmの距離に，基線と平行にａｂを引き，ａｂの長さを30mmとする。

② 次に，ａ及びｂから垂線を立て，基線から30mmの距離に図のように平行にａ′ｂ′を引けば，ａｂ及びａ′ｂ′は求める直線の投影である。

（２）定直線の実長，傾角を表す投影

定直線が，１投影面に平行で，他の投影面のみに傾斜している場合（図５－７），投影面に平行な直線の投影は実長を表している。

また，定直線と投影面とのなす角を傾角といい，この場合は実角を表している。

両投影面に傾斜する直線を投影したａｂとａ′ｂ′（図５－８(ａ)）から，実長と投影面（基準ＸＹの下側）に対する傾きを求めるには，図(ｂ)に示すように，基線ＸＹに平行な直線 a′₁b′ を a′₁b′＝a′b′ になるように描き，点 a′₁ を通る基線ＸＹに垂直な直線と，直線ｄａとの交点を a₁ とすると，a₁b が実長で∠b a₁d が傾きとなる。

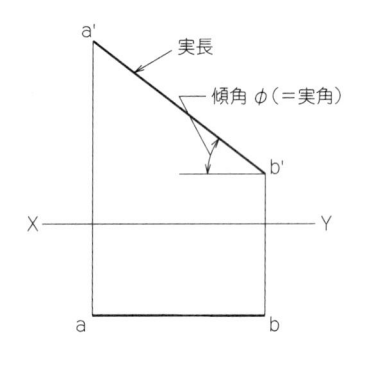

図５－７　実長と傾斜を表す投影

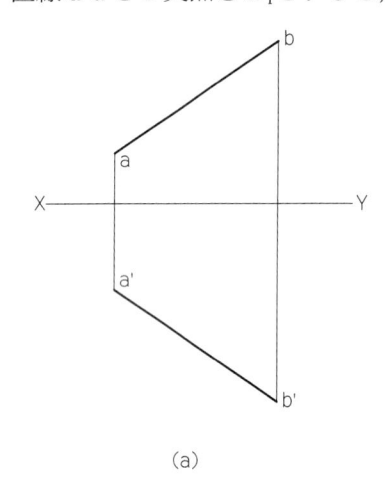

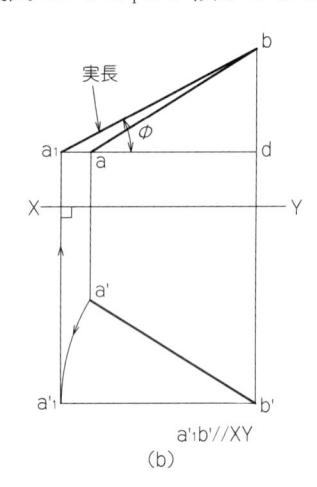

(a)　(b)　a′₁b′//XY

図５－８　実長と投影面に対する傾き

（３）長方形の投影

次の条件にある長方形を投影すると図５－９及び図５－10のとおりになる。

① 水平投影面に平行で，垂直投影面に垂直である。ただし，長方形の一辺は基線に平行とする。

② 水平投影面に45°の傾斜をして，垂直投影面に垂直である。

③ 両投影面に垂直である。

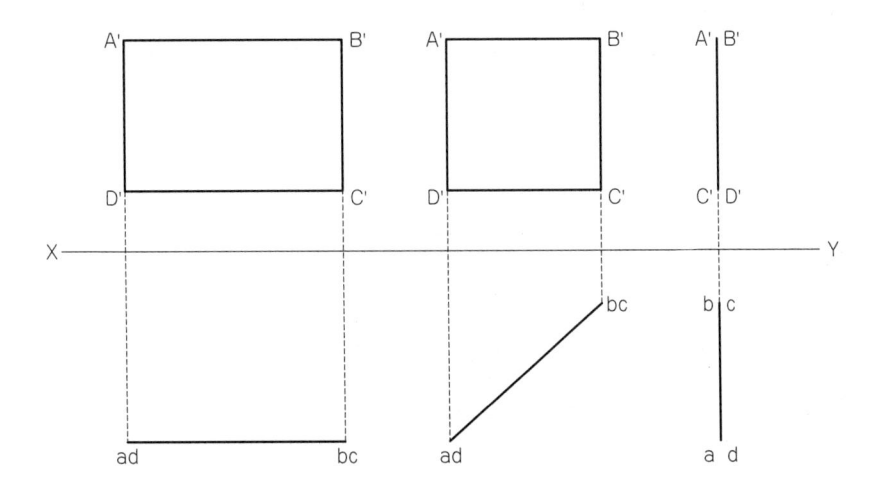

図5-9　長方形平面の投影

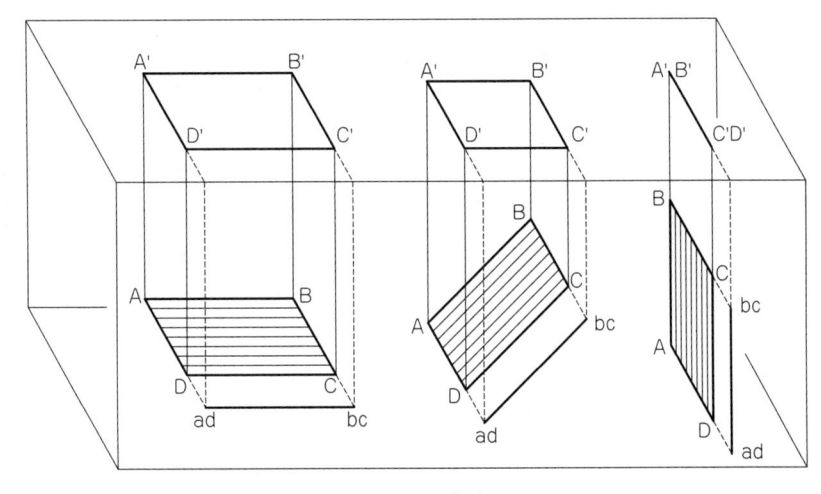

図5-10　参考図

1.3　立体の投影

円柱が次のような条件にある立体の投影を考える。

① 軸線が水平投影面に垂直である場合
② 軸線が垂直面に平行で，水平投影面に60°の傾斜をしている場合
③ 前項②の位置にある側面投影

　円柱が②のように軸線が傾斜している場合は，その投影において上面と底面は楕円となって現れる。その曲線を正確に描くためには，①の平面図形の円周上に等分点をつくる必要がある。

製図の基礎

図5-11は円周を8等分したものである。

③の側面投影をするには,基線XYに直角にX'Y'を引き,②における水平,垂直の両投影を結合すればよい。

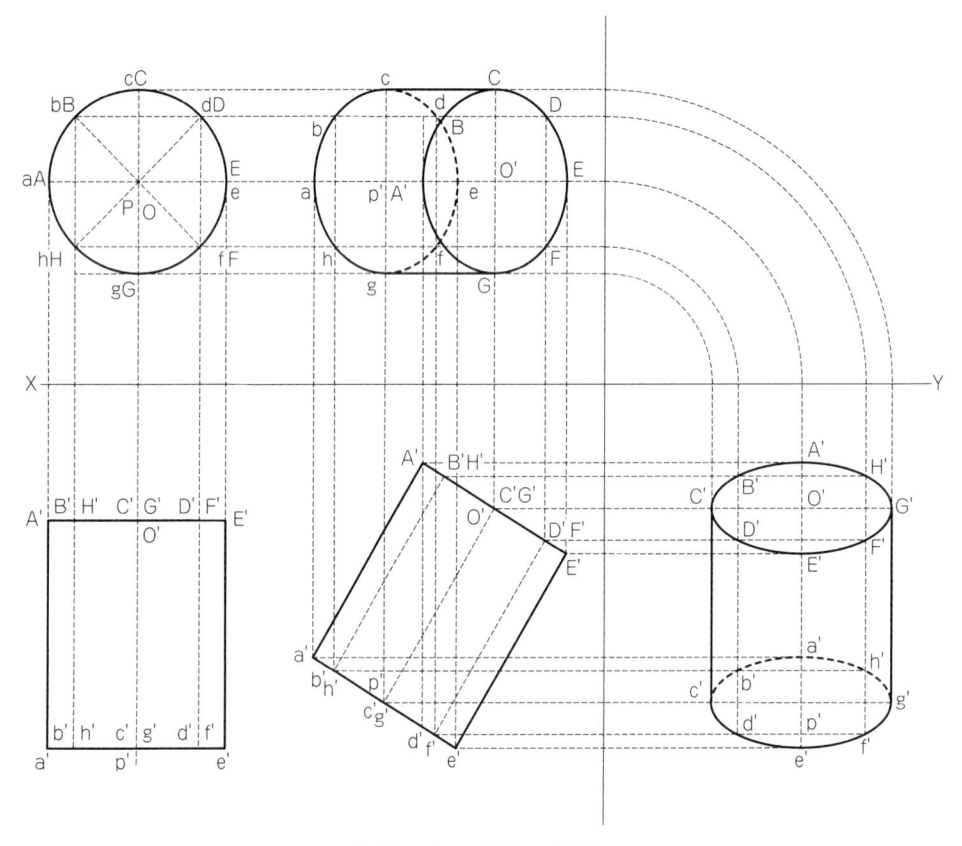

図5-11 円柱の投影

第2節 軸測投影

軸測投影は,第1章第1節図1-1に示したように,一つの図で立体を表現する図法である。軸測投影によって表現された図は実際に見た感じに近いので,説明用の図として用いられることが多い。

ここでは,軸測投影の中でも良く用いられる等角投影法について,一辺の長さ l の立方体を用いて説明する。

図5-12に示すように,立方体を真上から見て平面上で45°回転させ,右側面から見て水平面とのなす角が35°16′になるように配置すると,その正面図に投影される3つの面の

広さは等しくなる。このとき，この正面図で表される図を**等角投影図**という。等角投影図は，手前側の頂点に集まる三つのエッジのなす角が120°であり，対象物の正面，平面，右側面を平等に表現した図ということができる。

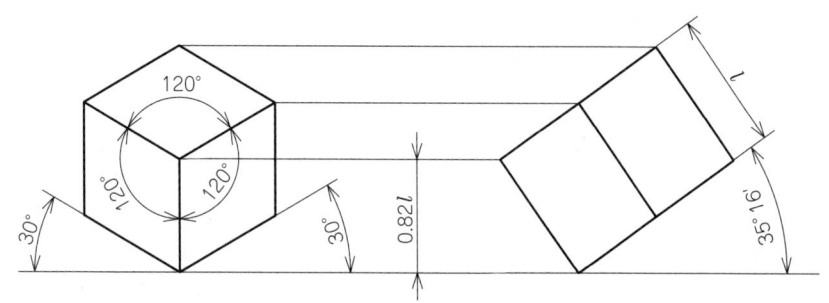

図5－12 等角投影図の考え方

等角投影では，図5－12に示したように，直交軸の3方向に実長を0.82倍に縮めて描くことになる。そこで，作図の便宜を図るため，直交軸の3方向に実長を描くことにしたものを**等角図**（isometric drawing）という。等角図は，対象物を約1.22倍に拡大したものの等角投影図に等しい。図5－13にその関係を示す。

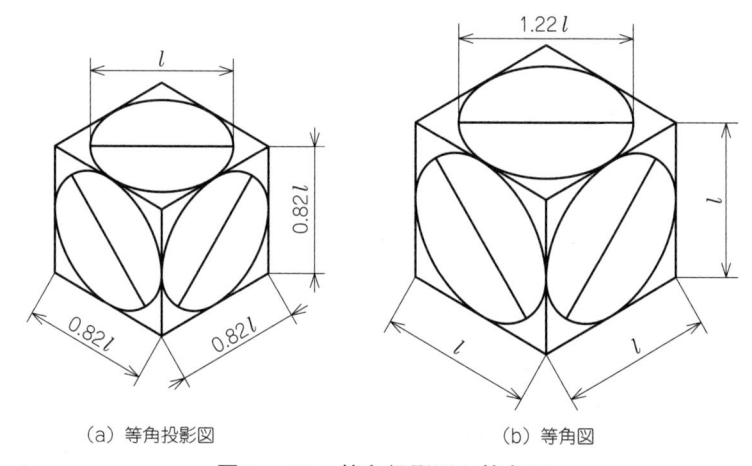

（a）等角投影図　　　　　（b）等角図

図5－13 等角投影図と等角図

第3節 立 体 図

3．1　切断投影と展開図

立体の一部を平面によって切断したときの切り口を**切断面**といい，立体の表面を一平面に広げて描いたものを**展開図**という。

いずれも投影面をもとにして描くことができる。

図5－14は，角柱を参考図（図5－15）のように軸線に対して45°の傾斜の平面で切断

した場合（左）と，切り取った角柱の軸線が水平投影面に45°の傾斜をしている場合（右）の投影で，このときの水平投影は切断面の実形を表している。

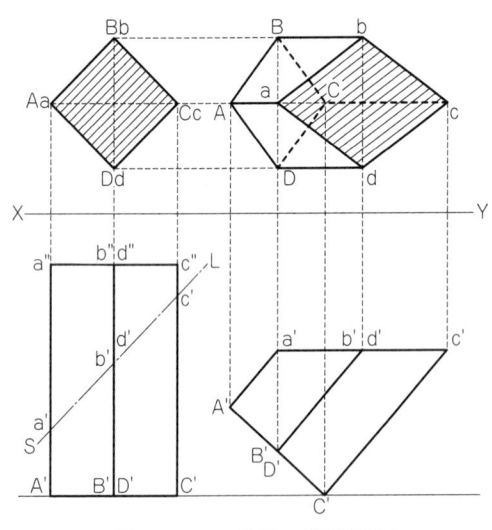

図5-14　角柱の切断投影

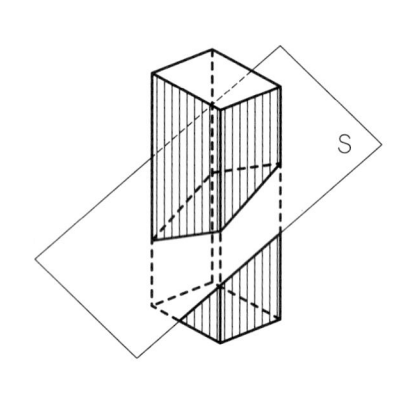

図5-15　参考図

図5-16に，円筒切断の展開図を示す。

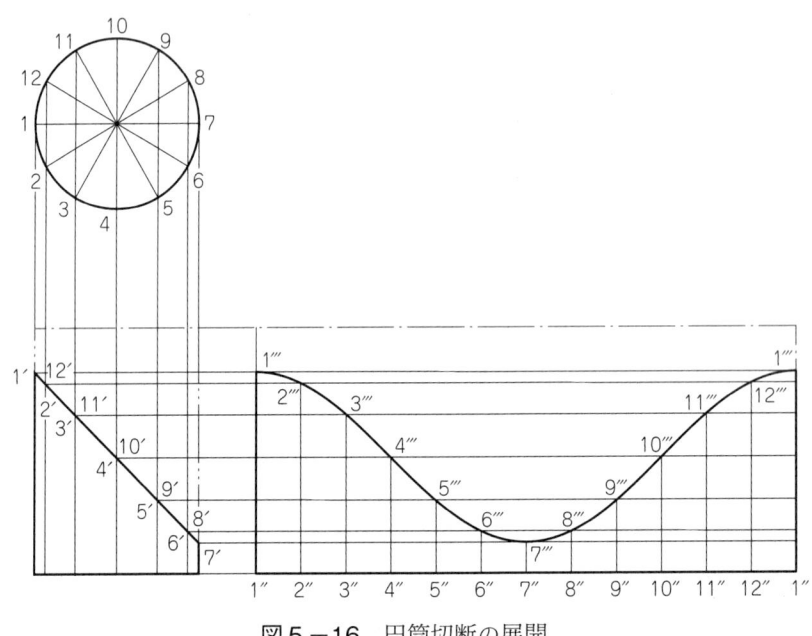

図5-16　円筒切断の展開

3．2　相貫体の投影

2個以上の立体が互いに相交わる場合，又は一つの立体が他の立体を貫いて1個の立体となっているような場合，これを**相貫体**という。相貫体の投影の目的は，両立体の交わっ

たところに現れる**交線**（**相貫線**ともいう）を描き表すことである。

① 図5－17は，三角柱が参考図（図5－18）のように，角柱を貫いて1個の立体となった相貫を表している。

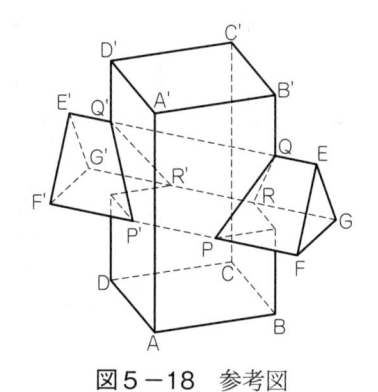

② 等径の円柱が直角に交わった場合の相貫線と展開図を図5－19に示す。

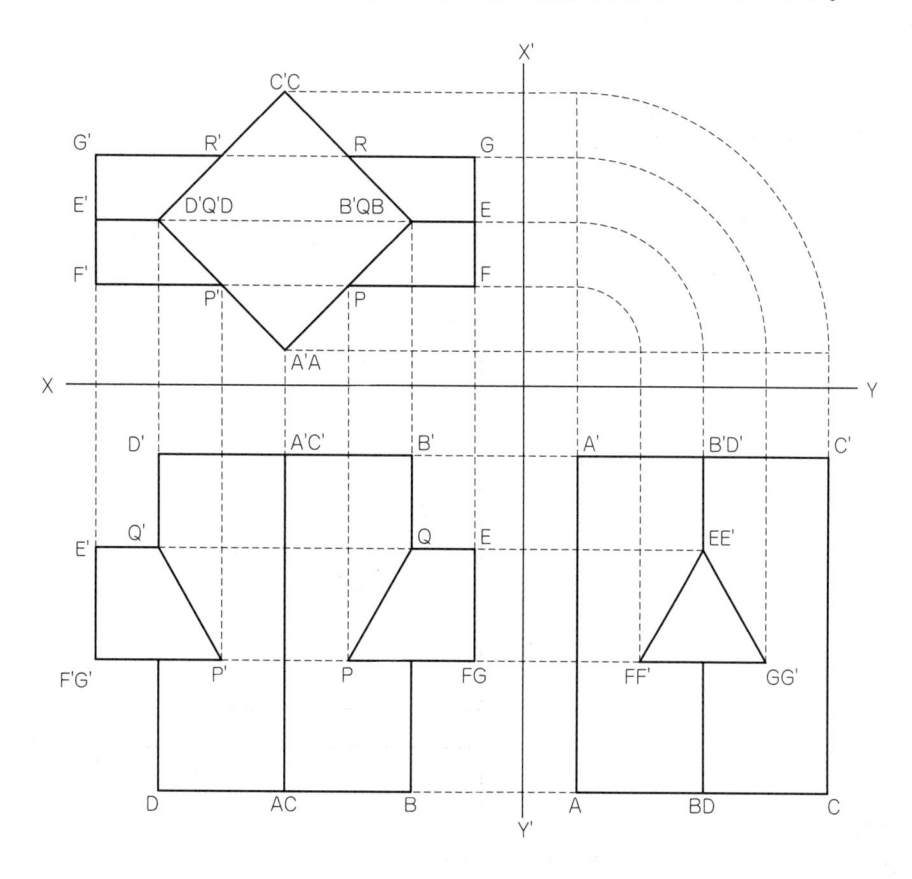

図5－17 角柱と三角柱の相貫

図5－18 参考図

製図の基礎

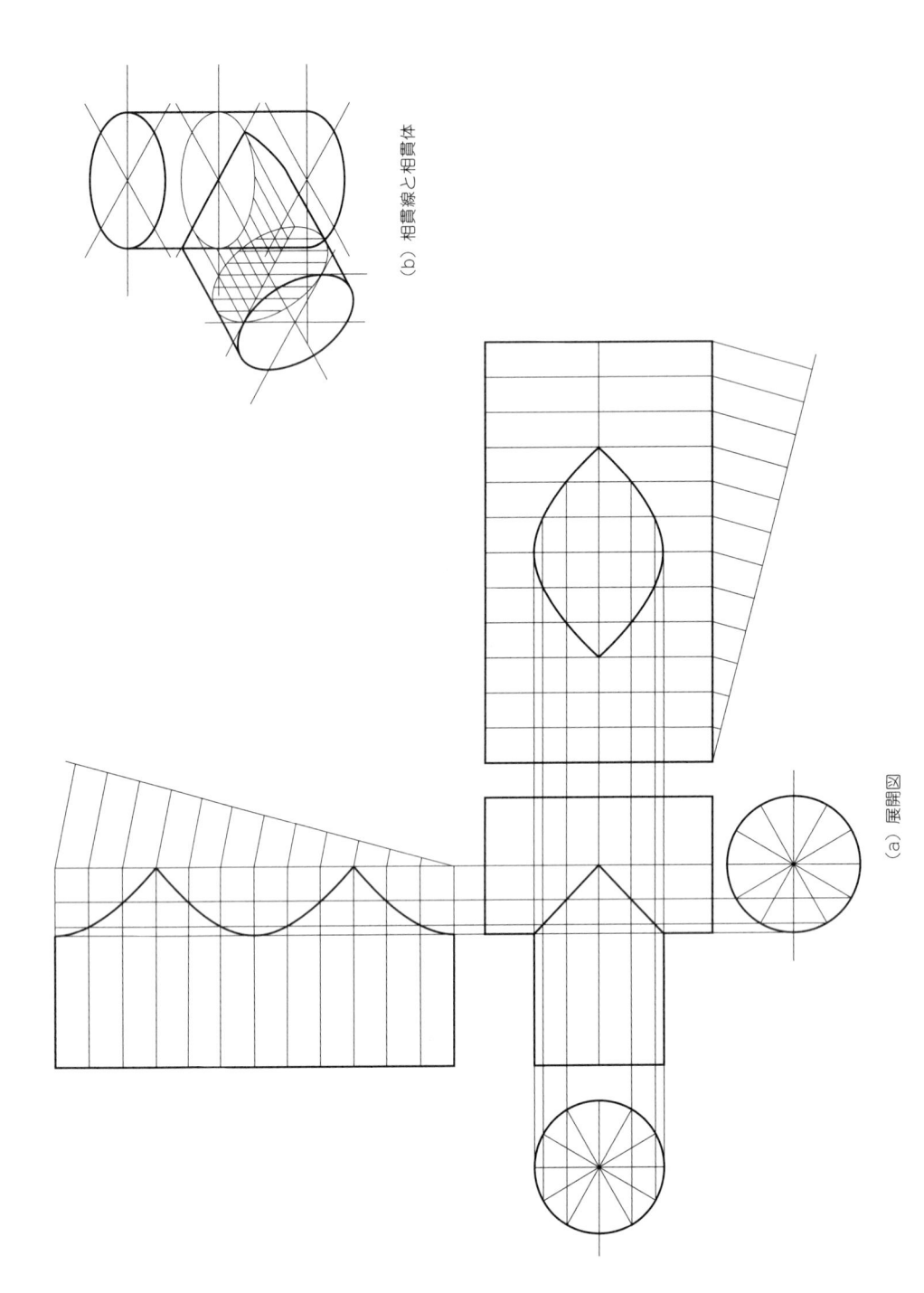

(b) 相貫線と相貫体

(a) 展開図

図5-19 等径の円柱が直角に交わった場合

第5章の学習のまとめ

　立体図は，テクニカルイラストレーションともいわれ，単一の図で品物の形と大きさを表現するものである。ここでは，その基礎的な作図法の理解を深めることが必要である。

【 練 習 問 題 】

次の問に答えなさい。

（1）太さ30mm，長さ60mmの同じ円筒が，中心でT字形（直角）に交差する展開図を作図しなさい。

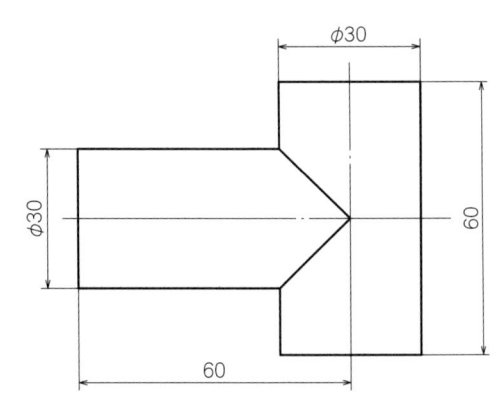

（2）下図は，正四角錐と正四角柱との相貫体を表している。正面図と平面図を完成させなさい。また，正四角錐，正四角柱それぞれの展開図を作成しなさい。

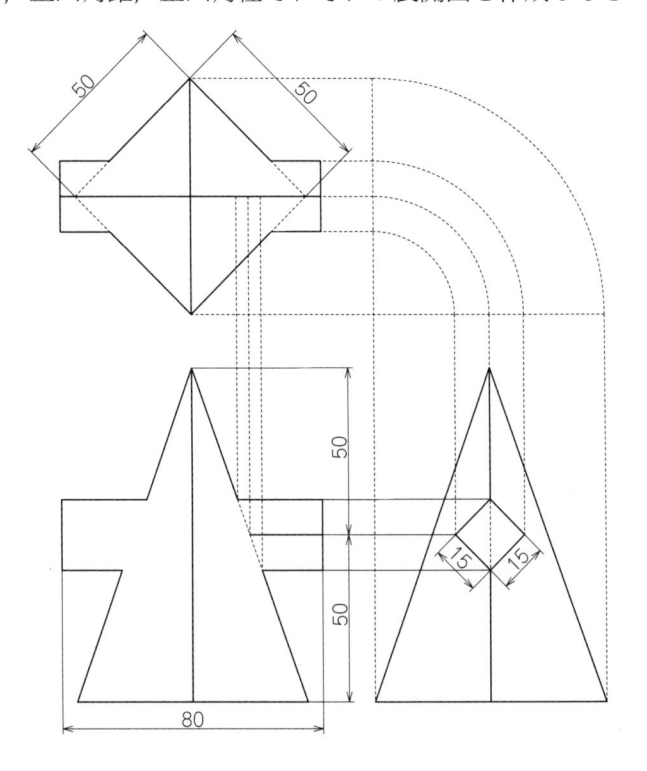

第6章　CADシステム

　現在，CADシステムが「製図・設計の道具」の一つとして認識されるのは，基本的な作図・編集・属性（色彩・線種・レイヤなど）機能はもちろん，経済性と簡便性をもち，かつ誰が使っても変わらない操作性をもつことにより，手描きよりも早く，楽に，正確な最終図面を仕上げることができるようになったからである。

　また，既にある図面（設計情報）をもとに，情報の参照・編集・統合といった作業を短時間に行えるとともに，企業グループや特定の業界・異業種間で図面ファイルのデータ交換を行うことにより，生産性の向上にも役立っている。

　ここでは，CADの概要を理解し，CAD製図に必要な基本的事項について述べる。

第1節　CADの概要

　CAD（キャド）とは，コンピュータ支援設計（Computer Aided Design）の略で，「製品の形状その他の属性データからなるモデルをコンピュータの内部に作成し，解析・処理することによって進める設計」（JIS B 3401）をいう。

　CADシステムは，もともとマイクロプロセッサ[*1]を利用した個人向けの汎用コンピュータとして誕生し，その後マイクロプロセッサの性能向上とともに様々な分野で用いられるようになった。

1．1　コンピュータの基本構成

　CADシステムは，コンピュータ本体とその周辺装置からなるもの（ハードウェア）と，これらを動かすプログラム（ソフトウェア）から成り立っている。

（1）ハードウェアの構成

　コンピュータは，一般に制御装置，演算装置，記憶装置，入力装置，出力装置の五つの基本構成要素をもっている（図6-1）。

　このうち，制御装置と演算装置は一つの装置として構成され，中央処理装置（CPU）[*2]と呼ばれている。これは，コンピュータの中枢であり，パソコンにおいてはLSI技術を用いたマイクロプロセッサとして実装されている。

---
*1　マイクロプロセッサ：CPU[*2]を一つのLSI（大規模集積回路）としたもの。
*2　CPU：Central Processing Unitの略で，コンピュータ本体の中央処理装置のこと。

製図の基礎

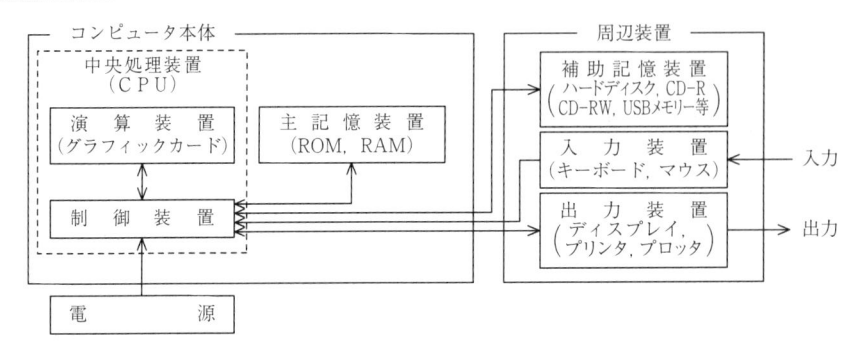

図6-1 パーソナルコンピュータの基本構成①

図6-2 パーソナルコンピュータの基本構成②

(2) ソフトウェアの構成

ソフトウェアは，オペレーティングシステムとアプリケーションプログラムとに大別される。

(a) オペレーティングシステム (OS)

ユーザ・アプリケーションプログラムとハードウェアシステムを運用するための仲介役を果たすソフトウェアで，「**基本ソフト**」とも呼ばれ，一般にはOSという。

例として，Windows, Linux, MacOS, UNIX, DOSがあげられるが，現在，パソコンのOSとして世界中で圧倒的なシェアを占めているのはWindowsである。

(b) アプリケーションプログラム

パソコンで実務処理を行うために作成されたソフトウェアのことで，大規模なデータを柔軟に加工する「**応用ソフト**」である。

ワープロソフト，表計算ソフト，CADソフト，グラフィックソフト，データベースソフト，インターネットブラウザ，メーラなどが代表的なものである。

(c) ドライバ

周辺装置のプリンタやスキャナを接続するときに，それらを動かすためのソフトでデバイスドライバともいう。

一般には，機器に付属されているCD－ROM等に格納されているか，供給元のサイトからダウンロードすることにより入手できる。

第2節　ＣＡＤソフトの基本機能と作図

2．1　基本的な図形処理機能

一般に，ＣＡＤソフトで使用する図形処理機能には表6－1に示すようなものが用意されている。ＣＡＤソフトメーカーにより，その名称や操作手順等に違いはあるが，ほぼ同じ機能をもっていると考えてよく，ユーザー側で使いやすくカスタマイズできるものが多い。

表6－1　基本的な図形処理機能の例示

機　能 コマンド[1]を集めたメニューバー	各コマンドの表示 プルダウンメニュー及びアイコン[2]メニュー	作図環境条件設定 サブコマンドボックス又はダイアログボックスと呼ばれるもの
ファイル（図面）管理機能	作　成 保　存 呼び出し 印　刷 図面ユーティリティ 外部入力・出力 終　了	新規・既存 新規（名変）・上書・部品 既存・部品登録 プリンタ・プロッタ 属性変更・図面削除・検索 各種形式
作図（作成）機能	点 直　線 曲　線 定　形 面・角処理 寸　法 文字記入・編集 補　助	 線分・連続線・平行線・水平線・垂直線・角度線・接線 円・円弧・楕円・接円・スプライン 長方形・十字・多角形 面取り・丸め・オフセット・ハッチング・トリミング 平行・円・角度・面取り・連段・公差寸法変更 文字・スタイル・位置・サイズ・注釈・バルーン グリッド・分割点
編集・修正機能	取り消し・復活 消　去 複　写 回転・移動 変　形 変　更	 全て・単独・部分・枠内 通常・拡大・縮小 通常・拡大・縮小 延長・短縮・切断 文字列・漢字列・文字高さ・注釈
画面表示機能	表　示	基準表示・拡大表示・再表示・ズーム・画面移動・ルーペ
属性・形式機能	属性・形式	画層・色彩・線種・線の太さ・線端・文字スタイル・寸法スタイル
計測機能	計　測	距離・角度・円周・面積・質量・重心・慣性モーメント・断面二次モーメント
モデリング機能	空間表示	サーフェイス・ソリッド・ビュー管理・シェーディング・レンダリング
専用機能	機械記号 専用定型	仕上記号・表面性状記号・溶接記号・データム・幾何公差 六角ボルト・ナット・タップ・長穴・ビス・座金

*1　**コマンド**：コンピュータに特定の処理を実行させるための命令語
*2　**アイコン**：ファイルやコマンドの内容がひと目で分かるようデザイン化されたマーク

2．2　CADによる設計製図

CADでの作図の基本は，手書きの作図手順とほぼ同じであるが，CADでは，

① 線種・線の太さに色彩を付けることができるので，同じ用途のものは同色で表現し，しかも同じ画層で管理できる。
② 余分な線や線種の誤りがあっても，図面を汚す心配なく，また削除も簡単にできる。
③ 投影図の位置関係が不適切な場所であっても，複写・変形・移動により正しい位置に動かすことができる。
④ 対称形や同一部品が複数あるときも，複写・移動・回転などの再利用機能を使って入力できる。
⑤ 何度も使用するシンボルや部品は，部品（ブロック）登録しておき，呼び出して複写などの編集ができる。

などによって，使用する用紙サイズや縮尺，図面内の図形位置関係といった制約条件には，厳格に拘束されず，自由に設計製図作業を進めることができる。

また，当初は，マウスによるメニューバーからプルダウンメニューで作図処理機能を理解しつつ作図を進め，次に主な機能をアイコン化したアイコンメニューとダイレクトキー（特定のキー）入力を併用することにより操作ステップの削減を図りながら作図ができる。

CADの基本的な操作手順は，次のとおりである。

① 設計製図条件の投影図の数・配置の決定をする。
② 用紙の大きさ，縮尺の決定をする。
③ 線種，線の太さ，色彩，画層の設定，文字スタイル，寸法スタイルの設定をする。
④ 左右又は上下の対称形の図形，同類図形の考察をする。
⑤ マウスとキーボードからコマンド（作図命令）を入力し，基本図形を作成する。
⑥ 作成した図形を複写，変形，移動したい図形を編集，レイアウトする。
⑦ 必要に応じて注記や寸法を付加する。
⑧ プリンタやプロッタで出図する。

2．3　三次元CADの基本機能

最近では，三次元CADを利用するケースが増えてきた。ここでは，基本的な機能を紹介する。

図6－3に，立体形状の作成例を示す。図（a）は，平面上に輪郭を描き，それを押し出して柱状の立体を作成したものである。図（b）は，平面上に輪郭を描き，軸の回りに回転させて立体を作成したものである。

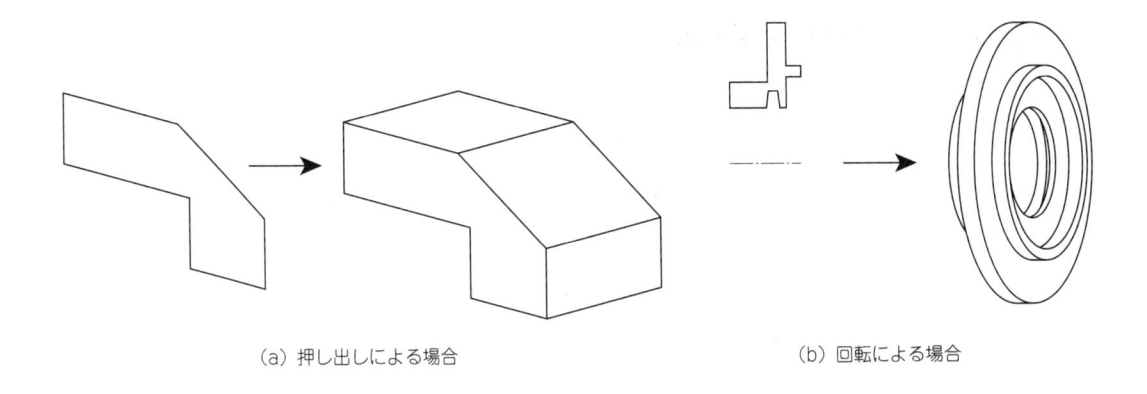

(a) 押し出しによる場合　　　　　　　　(b) 回転による場合

図6-3　立体形状の作成例

　三次元ＣＡＤでは，上記のように立体を作成し，それらを部品として組み立て，一つの製品をつくることができる。この組み立てられたものを**アセンブリモデル**という。さらに，部品間の相互の運動の確認をすることができる。これを**干渉チェック**という。アセンブリの例を図6-4に示す。

　また，部品の形状と材質が決まると，部品の体積，表面積，質量，慣性モーメント，断面二次モーメントなどが自動的に計算できる。さらに，**ＣＡＥ**（Computer Aided Engineering：ＣＡＤにより作成されたモデルによる各種技術計算）の機能があれば，図6-5のように，片持梁の先端に荷重が作用したときの撓みの程度や応力分布などをシミュレーションすることができる。これらの機能は，設計の良否を検討するのに役立っている。

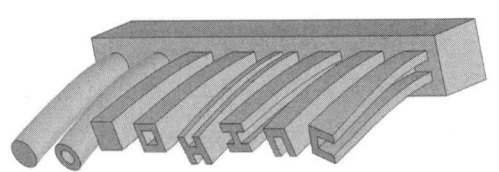

図6-4　機関車モデルのアセンブリ例　　図6-5　片持梁の撓みのシミュレーション

第3節　CAD機械製図規格

CADによって行う製図（以下「CAD製図」という。）について，CAD機械製図（JIS B 3402）に沿って述べる。この規格は，CADで最小限必要なものを規定し，必要に応じて別の規格を引用することになっている。

ここでは，前章までに述べた，機械製図（JIS B 0001）と重複する事項についてはできるだけ記述を避け，標準的な現行ソフトに対応できる製図ルールについて述べる。

3．1　一般事項

CAD製図は，具備すべき情報と基本要件とを明確にしておかなければならない。具備すべき情報は図面管理上の情報（例えば，図面名称，図面番号など），形状の情報（例えば，投影図，寸法など）及び属性情報（例えば，材料，表面性状など）であり，基本要件は明確であいまいさがなく，複写しても鮮明で，そして手書き製図とは混用しないことである。

なお，CADによる図面は，多くの場合に印刷処理を行った後で表題欄に手書きサインをする場合などは，混用とは見なさない。

3．2　線

（1）線の種類及び用途

機械製図（JIS B 0001）で規定する線の種類を規定し，他の線として製図—表示の一般原則：線の基本原則（JIS Z 8312）が使用できる。

（2）線の太さ

線の太さは，0.13，0.18，0.25，0.35，0.5，0.7，1.0，1.4及び2.0mmとする。細い線，太い線及び極太の線の太さの比は，1：2：4とする。

（3）線の要素の長さ

線の要素の長さは，ISOに整合させるため次の計算による値がよいとされている（図6−6〜9：図中（¹）は線の構成単位を示す）。

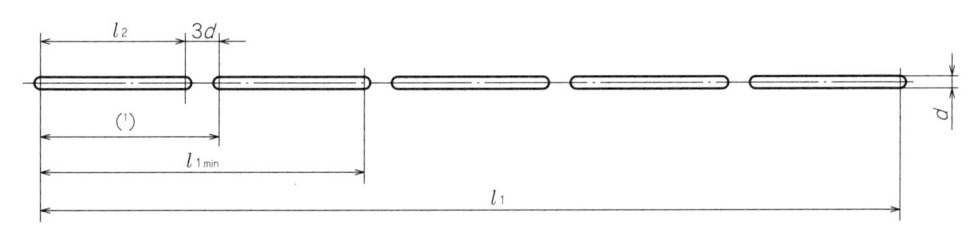

$l_{1min} = l_2 + 3d + l_2 = 12d + 3d + 12d = 27d$

図6−6　破線

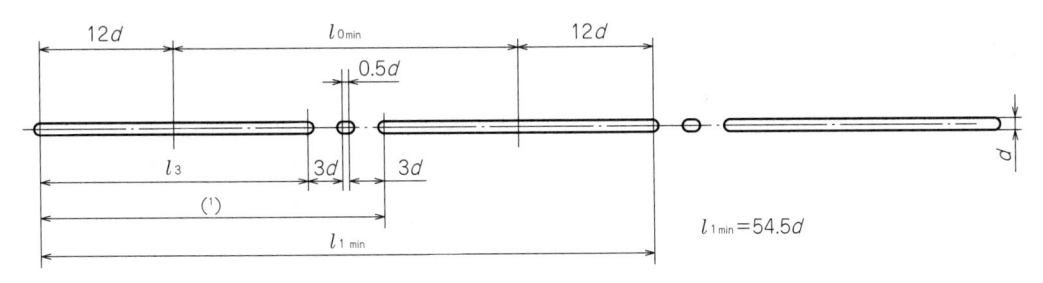

図6－7　一点長鎖線

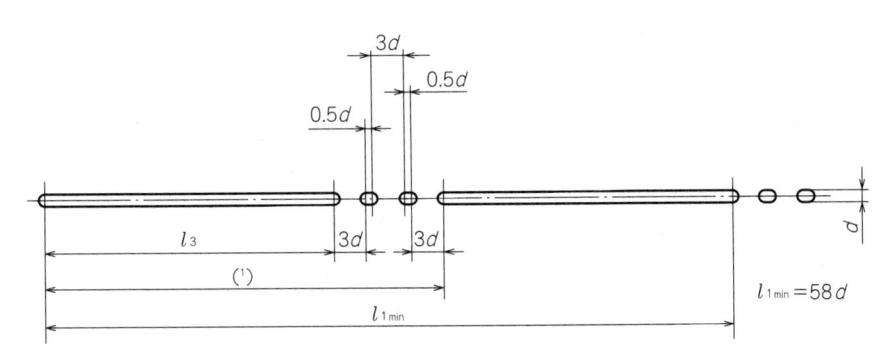

図6－8　二点長鎖線

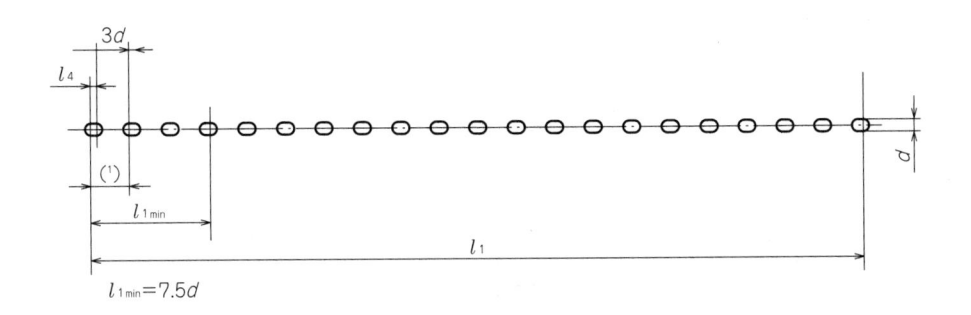

図6－9　点線

（4）線の組合せ

線の基本形を2本組み合わせて，意味をもった線として使用することができる（図6－10，図6－11）。

図6－10　実線と破線との組合せ　　図6－11　実線と一様な波形実線との組合せ

3．3 線の表し方

（1）一般事項

　線の太さ方向の中心は，線の理論上描くべき位置（図6－12）になければならない。また，平行な線と線との最小間隔は，特に指示がない限り，0.7mmとする。

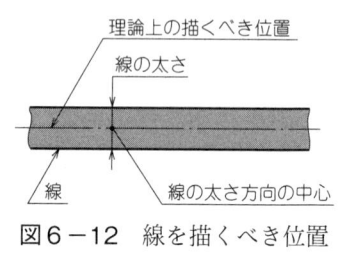

図6－12　線を描くべき位置

（2）線の交差

　長・短線で構成される線を描く場合，始点から線の要素が始まり，線の交差するところは長線で交差させることが困難なことがある。そこで次のように規定している。

① 長・短線で構成される線を交差させる場合には，なるべく長線で交差させる（図6－13〜18）。

　なお，一方が短線で交差してもよいが，短線と短線とで交差させないのがよい。

② 点線を交差させる場合には，点と点とで交差させるのがよい（図6－19）。すなわち，線のすきまとすきまで交差させないようにする。

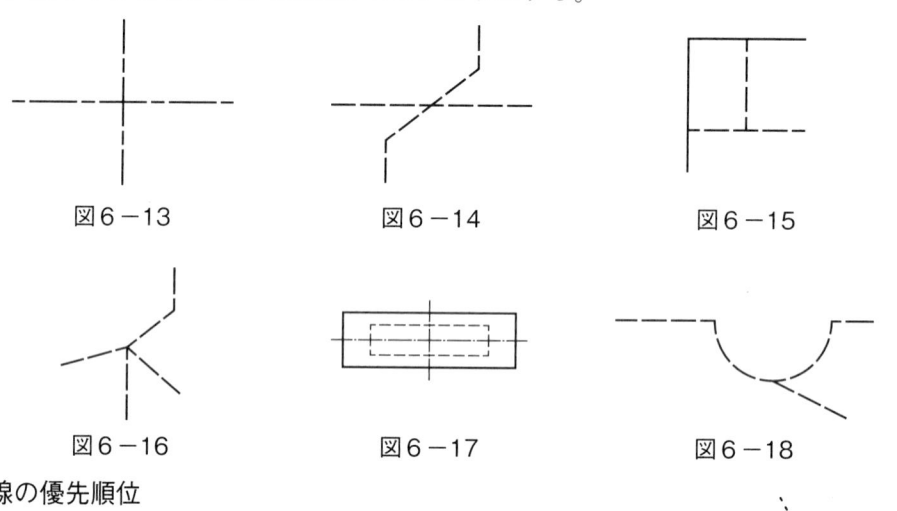

図6－13　　図6－14　　図6－15

図6－16　　図6－17　　図6－18

（3）線の優先順位

　機械製図（JIS B 0001）にも規定されているが，2種類以上の線が同じ場所で重なる場合には，外形線，かくれ線，切断線，中心線，重心線，寸法補助線の順で優先させて示す。ただし，この優先順位は，図面を描く順序ではない。

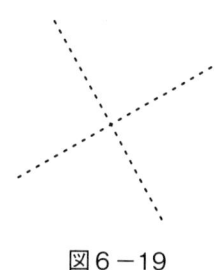

図6－19

（4）線の色

　線の色は，黒を標準とするが，他の色を使用又は併用する場合には，それらの色の線が示す意味を図面上に注記する。ただし，他の色を使用する場合には，鮮明に複写できる色

でなければならない。

3．4　文字及び文章
（1）文字の種類
　文字は，漢字（常用漢字を用いるのがよい），平仮名，片仮名，ラテン文字及び数字を用いるのがよい。フォントについては，特に規定されていないが，漢字，平仮名及び片仮名は全角を，ラテン文字，数字及び小数点は半角を用い，一連の図面は，同じフォントを使用する。

（2）書　　体
　文字の書体は，一般的には直立体（ローマン体）を用いるが，量記号を表示する場合には斜体（イタリック体）を用い，単位記号は直立体を用いる。

（3）文字の大きさ
　文字の大きさの呼びは，全角文字の基準枠の高さが2.5，3.5，5，7及び10mmを標準とし，商標登録文字や商品名，企業名など，それぞれの大きさを定めている場合は，この限りではない。

　また，数値と単位記号との間隔は，およそ$\frac{1}{2}$字間を開ける。ただし，角度の単位の「°」，「′」及び「″」については，数値と単位記号との間隔は開けない。

（4）文　　章
　文章は，左横書きとし，和英で表記する場合には和文を最初に，次に英文を記述する。
　なお，英文は原則として，大文字で記述する。

3．5　尺　　度
　尺度は，現尺，縮尺及び倍尺について，比で表す。
　なお，例外的に現尺，縮尺及び倍尺のいずれも用いない場合には，"非比例尺"と表示する。
　注意すべき点は，複雑な形状の理解のために三次元図形を参考図示する場合には，この図形には尺度を表示しない。

3．6　投　影　法
　投影法は，製図―図形の表し方の原則（JIS Z 8316）に規定するように第三角法を用いて表す（図6―20）。

ただし，第一角法で図示してもよいように規定している（図6-21）。

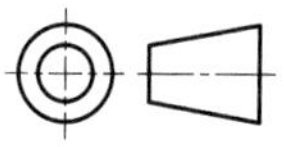

図6-20　第三角法の記号 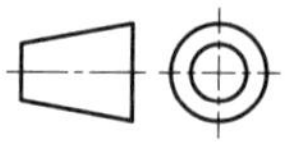　　図6-21　第一角法の記号

なお，第三角法を用いて表した場合，図形を一層理解させるために，矢示法を用いてもよい（第3章第1節図3-10参照）。

3.7　その他

次に述べる事項，並びにこれに関連した事柄は，基本的に機械製図（JIS B 0001）に準用するとよい。

　　（1）図面の大きさ及び様式
　　（2）図形の表し方
　　（3）寸法記入方法
　　（4）寸法の許容限界
　　（5）幾何公差
　　（6）表面性状（表面粗さ，筋目方向，表面のうねりなど）
　　（7）金属硬さ
　　（8）熱処理（熱処理の方法，温度など）
　　（9）溶接指示
　　（10）照合番号

第6章の学習のまとめ

　ＣＡＤは操作性が向上し，安価で，高次元のアプリケーションソフトが開発されている。ここでは，ＣＡＤ図面作成上，必要な基本的事項と規格の理解を深めること。

【 練 習 問 題 】

次の各問に答えなさい。
（１）ＣＡＤの技術進歩を踏まえ，日本工業規格に定められている「ＣＡＤ機械製図」の規格番号は何番か。
（２）ＣＡＤ機械製図における下図の破線の l_1 min の長さはいくらか。

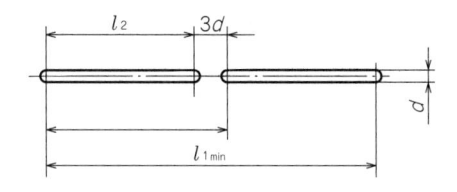

【練習問題の解答】

第1章

（1）JIS B 0001

（2）0.13mm

（3）読みやすく誤読の恐れがなければ，書体にこだわる必要はない。

（4）A形書体又はB形書体のいずれかの直立体又は水平から75°傾けた斜体を用い，混用はしない。量記号は斜体，単位記号は直立体とする。漢字，仮名は直立体しかないので，これらとラテン文字，数字及び記号の斜体は混用してもよい。このとき，ベースラインを合わせる。

（5）格子参照方式

第2章

（1）図2－2参照

（2）図2－6又は図2－5参照

（3）図2－12参照

（4）図2－17参照

（5）図2－22参照

第3章

（1）

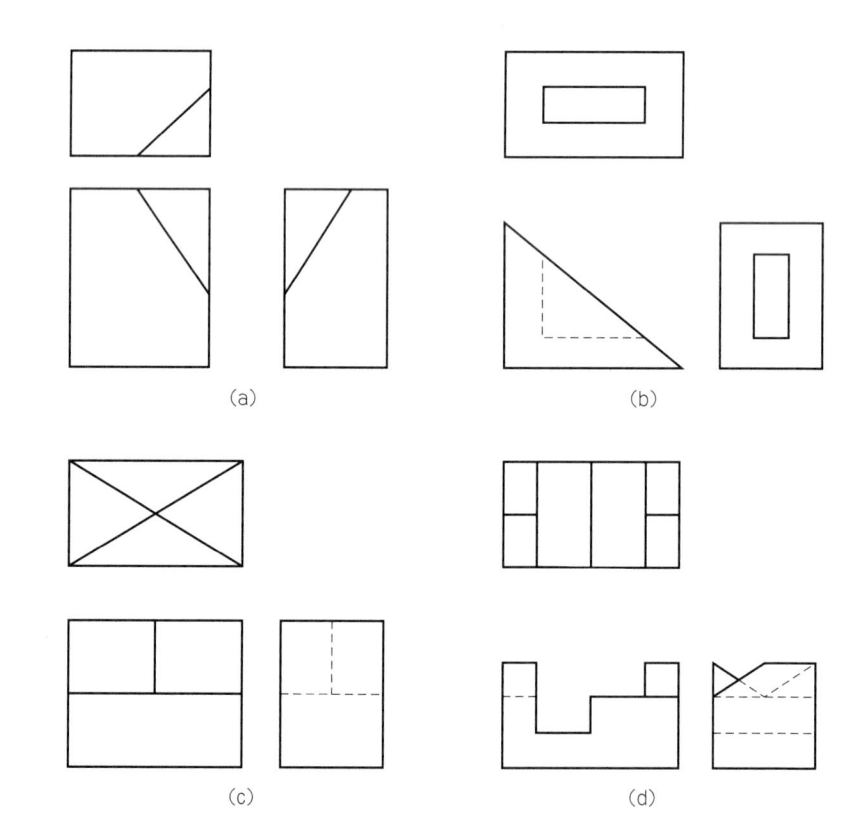

（2）図3−94参照

（3）図3−80参照

（4）

穴	32	H	7	寸法
	基準寸法	基礎となる寸法 許容差0	ＩＴ基本公差 0.025	$32^{+0.025}_{0}$
軸	32	g	6	寸法
	基準寸法	基礎となる寸法 許容差−0.009	ＩＴ基本公差 0.025	$32^{-0.009}_{-0.025}$

最小すきま＝穴の最小寸法−軸の最大寸法
　　　　　＝0−（−0.009）＝0.009

最大すきま＝穴の最大寸法−軸の最小寸法
　　　　　＝＋0.025−（−0.025）＝0.05

（5）図3−158（b）参照

（6）図3−172参照

第4章

（1）1．2参照

第5章

（1）図5−19参照

（2）右図参照
　　展開図は
　　次頁参照

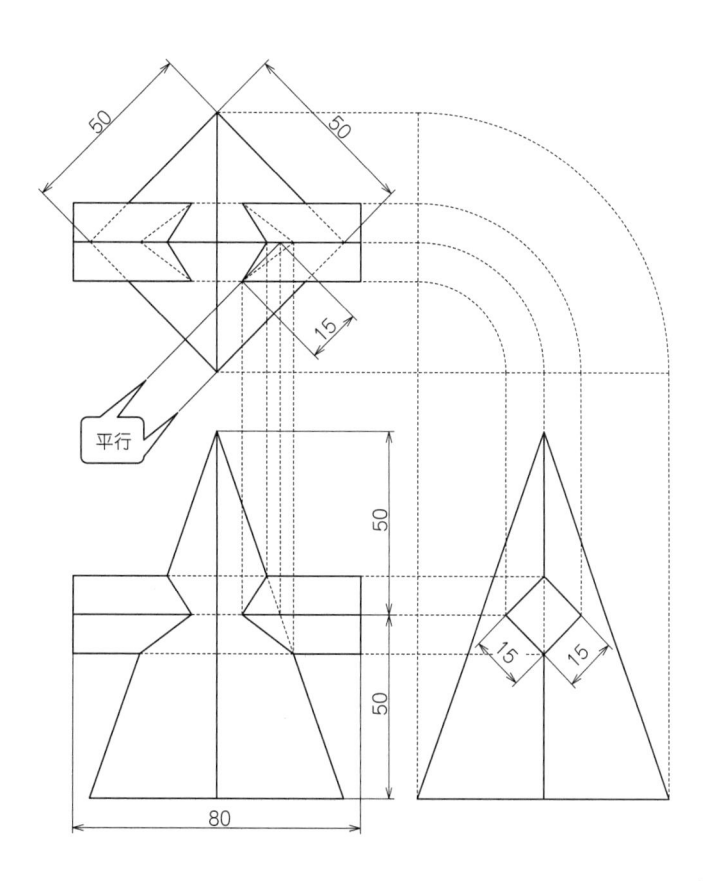

展開図

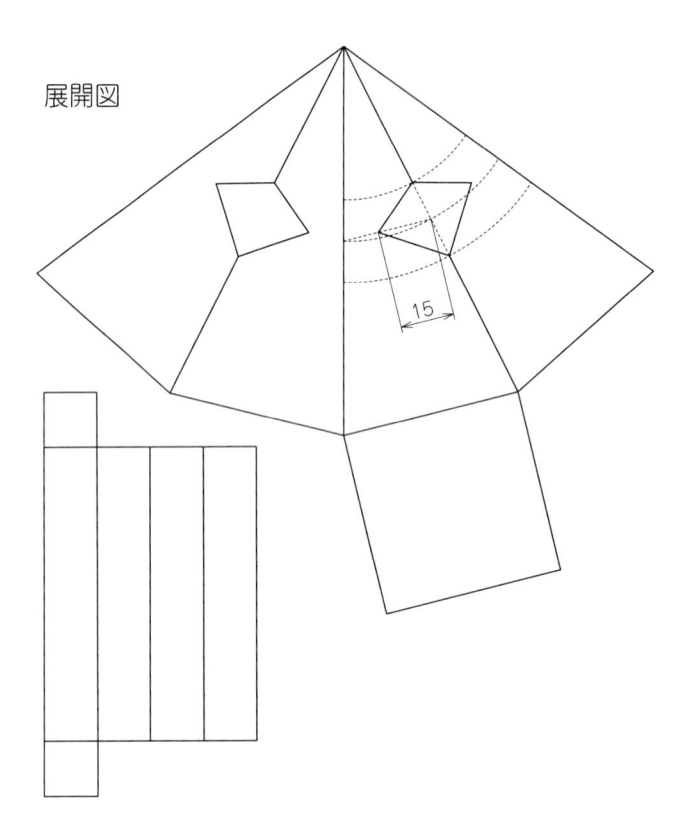

第6章

（1） JIS B 3402

（2） $l_1 \min = l_2 + 3d + l_2 = 12d + 3d + 12d = 27d$ （図6－6参照）

○引用・参考文献一覧

JIS B 0001:2010「機械製図」

JIS B 0002:1998「製図―ねじ及びねじ部品」

JIS B 0003:1989「歯車製図」

JIS B 0004:2007「ばね製図」

JIS B 0005:1999「製図―転がり軸受」

JIS B 0011:1998「製図―配管の簡略図示方法」

JIS B 0021:1998「製品の幾何特性仕様（ＧＰＳ）―幾何公差表示方式―形状，姿勢，位置及び振れの公差表示方式」

JIS B 0022:1984「幾何公差のためのデータム」

JIS B 0031:2003「製品の幾何特性仕様（ＧＰＳ）―表面性状の図示方法」

JIS B 0041:1999「製図―センタ穴の簡略図示方法」

JIS B 0122:1978「加工方法記号」

JIS B 0125:2007「油圧・空気圧システム及び機器―図記号及び回路図」

JIS B 0401:1998「寸法公差及びはめあいの方式」

JIS B 0403:1995「鋳造品―寸法公差方式及び削り代方式」

JIS B 0405:1991「普通公差―第1部：個々に公差の指示がない長さ寸法及び角度寸法に対する公差

JIS B 0408:1991「金属プレス加工品の普通寸法公差」

JIS B 0410:1991「金属板せん断加工品の普通公差」

JIS B 0411:1978「金属焼結品普通許容差」

JIS B 0415:1975「鋼の熱間型鍛造品公差（ハンマ及びプレス加工）」

JIS B 0416:1975「鋼の熱間型鍛造品公差（アプセッタ加工）」

JIS B 0419:1991「普通公差―第2部：個々に公差の指示がない形体に対する幾何公差」

JIS B 0613:1976「中心距離の許容差」

JIS B 1512:2000「転がり軸受―主要寸法」

JIS B 1558:2009「転がり軸受―インサート軸受及び偏心固定輪」

JIS B 3402:2000「ＣＡＤ機械製図」

JIS B 8601:2001「冷凍用図記号」

JIS C 0617:2011「電気用図記号」

JIS C 0303:2000「構内電気設備の配線用図記号」

JIS G 3101:2004「一般構造用圧延鋼材」

JIS G 3106:2008「溶接構造用圧延鋼材」

JIS G 4051:2009「機械構造用炭素鋼鋼材」

JIS G 4303:2005「ステンレス鋼棒」

JIS G 5501:1995「ねずみ鋳鉄品」

JIS H 3100:2006「銅及び銅合金の板並びに条」

JIS H 4000:2006「アルミニウム及びアルミニウム合金の板及び条」

JIS S 6006:2007「鉛筆，色鉛筆及びそれらに用いるしん」

JIS Z 3021:2010「溶接記号」

JIS Z 8114:1999「製図―製図用語」

JIS Z 8204:1983「計装用記号」

JIS Z 8207:1999「真空装置用図記号」

JIS Z 8310:2010「製図総則」

JIS Z 8311:1998「製図―製図用紙のサイズ及び図面の様式」

JIS Z 8312:1999「製図―表示の一般原則―線の基本原則」

JIS Z 8313:1998「製図―文字」

JIS Z 8314:1998「製図―尺度」

JIS Z 8315:1999「製図―投影法」

JIS Z 8316:1999「製図―図形の表し方の原則」

JIS Z 8317:2008「製図―寸法及び公差の記入方法―第1部：一般原則」

JIS Z 8318:1998「製図―長さ寸法及び角度寸法の許容限界記入方法」

索　引

あ

ＩＴ	92
ＩＴ基本公差	91
厚さ	67
穴の表示	70
粗さ曲線	81
アルミニウム展伸材記号	106
インボリュート曲線	34
上の寸法許容差	87
エピサイクロイド曲線	33
円弧	68
応用ソフト	144

か

開先	118
外転サイクロイド曲線	33
回転図示断面図	53
回転投影図	46
角度寸法	97
ガスケット	56
片側断面図	52
干渉チェック	147
機械要素	109
幾何公差	100
幾何特性	100
基準寸法	86
基準線	86
基本簡略図示方法	116
基本ソフト	144
ＣＡＤ	143
ＣＡＤ製図	143,148
曲線	68
局部投影図	45
許容限界記入	95
許容限界寸法	86
近似画法	27
組合せ断面図	54
雲形定規	13,16
グルーブ	118
弦	68
現尺	22
コイルばね	114
公差域	87
公差域クラス	87
公差等級	87
格子参照方式	10
こう配	69
国際標準化機構	3
個別簡略図示方法	116
転がり軸受	116
コンパス	15

さ

サイクロイド曲線	33
最小許容寸法	86
最大許容寸法	86
最大高さ粗さ	82
裁断マーク	10
三角定規	13
参考寸法	80,99
算術平均粗さ	81
軸測投影	2
下の寸法許容差	87
実形図示	109
実寸法	86
しまりばめ	88
しめしろ	88
尺度	22
斜投影	42
縮尺	22
主投影図	43
除去加工	81
伸銅品記号	105
推奨尺度	23
すきま	88
すきまばめ	88
スケール	13
図面	1

製図の基礎

図面番号	127
図面変更通知	128
寸法公差	86
寸法線	59
寸法補助記号	63
寸法補助線	59
製図総則	4
切断面	137
全断面図	51
相貫線	47,139
相貫体	138
ソフトウェア	143

た

第一角法	39
第三角法	39
対称図示記号	48
多面投影図	2
単一投影図	2
端末記号	59
断面曲線	81
断面図	51
中間ばめ	88
中心マーク	9
直列寸法記入法	99
T定規	13
ディバイダ	16
データム	101
テーパ	69
鉄鋼記号	104
デバイスドライバ	145
展開図	137
テンプレート	14
投影法	39
等角投影	42
透視投影	2

な

内転サイクロイド曲線	33
日本工業規格	3
ねじ	109

は

ハードウェア	143
倍尺	22
ハイポサイクロイド曲線	33
歯車製図	112
歯すじ方向	113
ハッチング	57
ばね	114
はめあい	87
はめあい方式	88
比較目盛	10
ピッチ線	49
非鉄金属記号	105
表題欄	8
表面粗さ	81
表面性状	81
部分断面図	53
部分投影図	45
分度器	13
平面画法	25
並列寸法記入法	99
補助投影図	44

ま

マイクロメートル	81
面取り	67

や

溶接継手	118
溶接部	118
要目表	112

ら

ラック	50
立体製図	131
輪郭	7
累進寸法記入法	99
ローレット	47

厚生労働省認定教材	
認 定 番 号	第 59122 号
認 定 年 月 日	昭和59年10月30日
改定承認年月日	平成24年2月3日
訓 練 の 種 類	普通職業訓練
訓 練 課 程 名	普通課程

製図の基礎　　　　　　　　　　　　　　　　　　　　　　　　　Ⓒ

昭和61年3月1日	初 版 発 行
平成8年1月10日	改訂版発行
平成14年2月25日	三訂版発行
平成19年11月10日	補訂版発行
平成24年3月10日	四訂版発行
令和5年3月20日	6 刷 発 行

編集者　独立行政法人　高齢・障害・求職者雇用支援機構
　　　　職業能力開発総合大学校　基盤整備センター

発行者　一般財団法人　職業訓練教材研究会

〒162-0052
東京都新宿区戸山1丁目15-10
電　話　03（3203）6235
FAX　03（3204）4724

編者・発行者の許諾なくして本教科書に関する自習書・解説書若しくはこれに類するものの発行を禁ずる。

ISBN978-4-7863-1125-3